水声扩频通信

刘玉良　刘宏升　刘娟意　编著

内容提要

本书在扩频通信概述基础上，论述常规扩频通信和水声扩频通信两部分内容。前一部分是理论基础，后一部分是具体应用。扩频通信概述包括信息论理论基础、扩频通信技术起源及发展现状。常规扩频通信涉及PN码、调制解调、同步控制等的工作原理和仿真方法。水声扩频通信结合水声信道的特点，重点论述同步控制和仿真分析，以及水声扩频通信的实验方法和效果分析。最后还研究了用混沌信号替代传统PN码的方法和效果，包括混沌信号数字化、混沌信号产生及其伪随机性分析与评估，为扩频通信尤其是水声扩频通信保密性的提高进行探索。

本书适合水声工程专业的研究生，以及电子信息工程、水声电子信息工程及其相近专业的本科生阅读。

图书在版编目(CIP)数据

水声扩频通信 / 刘玉良，刘宏升，刘娟意编著. --
上海：上海交通大学出版社，2021
ISBN 978-7-313-24945-6

Ⅰ. ①水… Ⅱ. ①刘… ②刘… ③刘… Ⅲ. ①水声通信②扩频通信 Ⅳ. ① E96 ② TN914.42

中国版本图书馆CIP数据核字(2021)第090223号

水声扩频通信

SHUISHENG KUOPIN TONGXIN

主　　编：刘玉良　刘宏升　刘娟意

出版发行：上海交通大学出版社　　地　　址：上海市番禺路951号

邮政编码：200030　　电　　话：021-64071208

印　　刷：广东虎彩云印刷有限公司　　经　　销：全国新华书店

开　　本：710mm × 1000mm　1/16　　印　　张：15.75

字　　数：180千字

版　　次：2021年10月第1版　　印　　次：2021年10月第1次印刷

书　　号：ISBN 978-7-313-24945-6

定　　价：118.00元

前　言

水声通信技术主要起源于水下武器装备的作战需求，保密性和抗干扰性是其所追求的首要目标。水声扩频通信是通过频谱扩展满足上述首要目标，当扩频技术与 OFDM 技术相结合时，能够使水声通信的有效性和可靠性大大提升，扩频通信在军事领域展现出了强大的技术优势，近年来已成为水声工程领域的研究热点之一。

本书首先对扩频通信的理论基础、发展历程、工作方式、关键技术进行概述，论述 PN 码、扩频同步等核心内容的重要性，使读者对水声扩频通信系统的基本结构有初步认识。关于 PN 码，重点论述其在扩频通信中的关键作用和产生原理。关于同步技术，重点论述同步不确定性的问题来源、PN 码同步捕获与跟踪、多普勒频移对 PN 码同步跟踪的影响等。

本书的仿真部分分别以不考虑水声信道的 DS-CDMA 系统和考虑水声信道的 UA-DSSS 系统为例，论述其工作原理，分别采用 MATLAB 的 m 文件编写和 SIMULINK 平台搭建两种方法完成仿真。本书的实验部分主要介绍硬件设备、软件平台、实验结果等，重点分析直接扩频与 OFDM 相结合的水声扩频通信效果。考虑到保密性是水声通信的历史使命，本书用两章篇幅论述用混沌序列替代 PN 码后的混沌水声扩频通信，主要论述最关键的混沌同步问题。考虑到多径效应对通信效果影响很大，本书最后一章研究了多径效应的 RAKE 接收机解决方案，分析混沌序列、信号合并、抽头数量等对水声扩频通信性能的影响，以期为提高水声扩频通信性能提供参考。

本书内容主要来自笔者多年来讲授研究生课程“扩频通信”的教学成果，同时也体现笔者所主持的中国大洋矿产资源研究开发协会立项的课题“基于AUV 的多金属结核勘查应用研究 DY135-N1-1-05”之子课题“基于 AUV 的光学勘查数据处理方法研究”的部分成果。本书还有幸受到浙江海洋大学出版基金和浙江省海洋科学与技术研究会出版基金的联合资助，再次特别鸣谢！本书采用理论、仿真、实验相结合的论述方法，提供完整的仿真代码和实验方案，能够为读者自学提供尽可能的帮助。书中存在的所有瑕疵和错误由笔者负责。

刘玉良

2020 年 10 月于舟山长峙岛

目录
ONTENTS

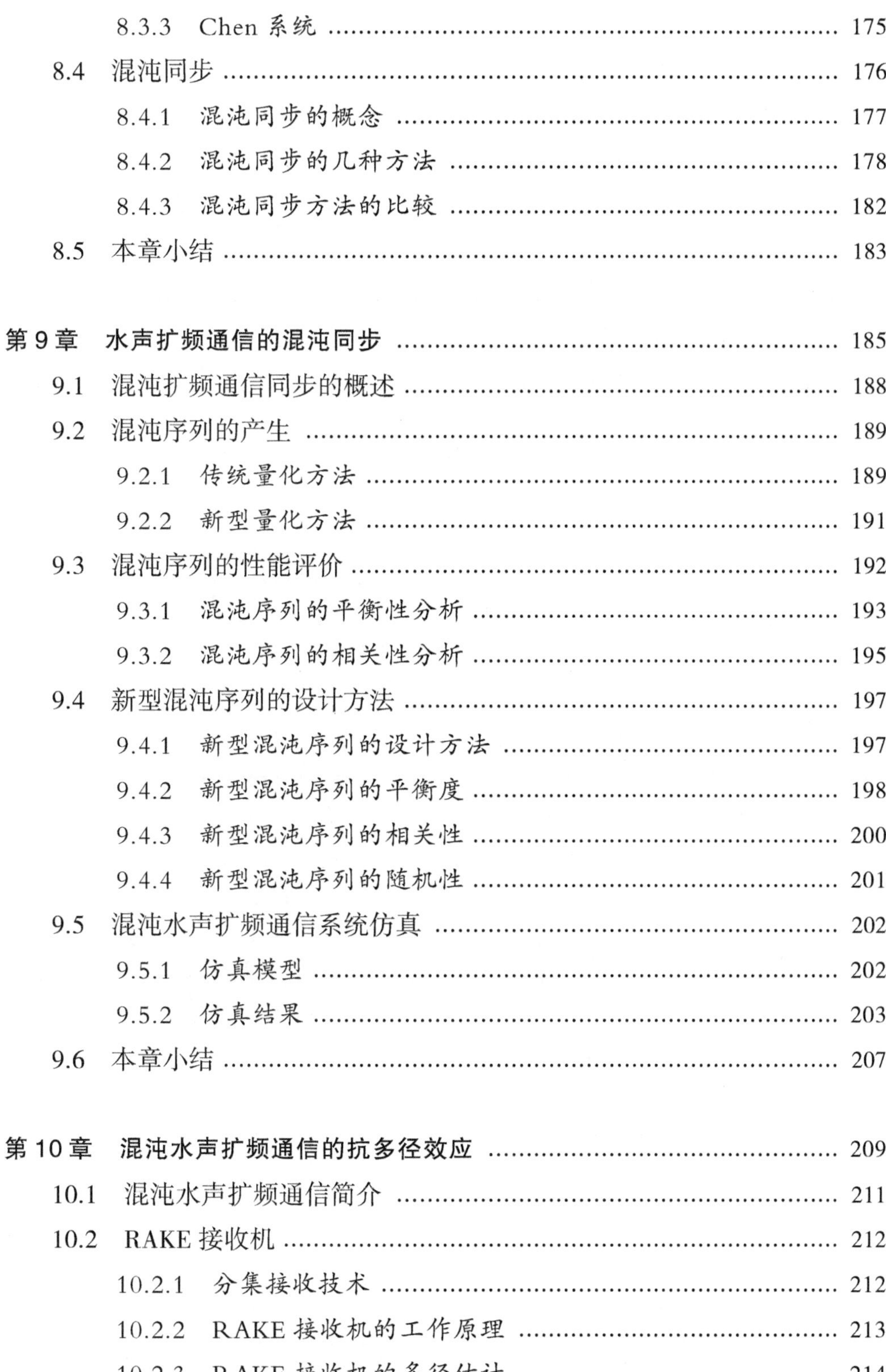

第 1 章
扩频通信概述

扩频通信是扩展频谱通信（Spread-Spectrum Communication）的简称，属于数字通信类型，主要特点是具有扩频和解扩环节，从而具有显著的噪声适应能力。扩频通信可分为直接序列扩频、跳变频率扩频、跳时扩频、线性脉冲调频和混合扩频等类型，其中最具代表性的直接序列扩频，是在发送端用一个高频伪随机序列将基带信号扩展成宽带信号，使调制后的信号如同噪声一样，从而获得超高的通信隐蔽性和抗干扰性，而在接收端借助同步控制采用相同的伪随机序列进行解扩，最后恢复出原始信息数据。扩频通信的关键技术包括基带信号编码、中频段接收信号同步控制等。信道编码的目的是提高通信效率，目前比较常用的有 Turbo 码、R-S 码和 LDPC 码等；扩频同步包括伪码同步和载波同步等。本章从理论基础、发展历程、工作方式等方面，对扩频通信进行概述。

1.1　扩频通信的理论基础

香农（Claude Elwood Shannon）在 1945 年、1948 年和 1949 年分别发表三篇学术论文，奠定了香农信息论的理论基础，也奠定了扩频通信的理论依据。根据香农信息论，对于受加性高斯白噪声干扰的连续信道，设信号带宽为 B，信噪比为 S/N，则信道容量如公式（1.1）所示：

$$C = B \cdot \log_2(1 + S/N) \tag{1.1}$$

式中：

C——信道容量，b/s;

B——信道带宽，Hz；

S——信号功率，W；

N——噪声功率，W。

式（1.1）表明，采用不同的带宽 B 和信噪比 S/N 的组合，能够使信道容量 C 保持不变。信道容量可以看作通信质量的重要保证，通常用信息传输速率来表示。为保证信息传输速率不变，若信号带宽 B 降低则信噪比 S/N 必须增加；反之，若信噪比 S/N 降低（比如噪声强烈导致信道糟糕的情况），则必须增加信号带宽 B，这就是“带宽换功率”的内涵。扩频通信通常将原始信号的带宽扩展 10~1000 倍甚至更高，然后进行信号传输，即使遇到信道糟糕或信噪比较低的情况，仍能保证通信质量。因此，扩频通信的主要优势，就是通信抗干扰性能和噪声适应能力十分突出。

举例：话音信号频率范围通常为 300 ~ 3300Hz，信号带宽 B=3300 Hz−300 Hz=3000 Hz。假设信噪比为 30dB，即 S/N=1000，根据式（1.1）得信道容量 $C=3000\times\log_2(1001)$，约等于 30kb/s。若对该话音信号扩频，带宽扩展 100 倍，则可在 0.25dB 的低信噪比条件下保持原通信传输速率不变，也就是说，通过扩频能够在恶劣的信道环境中正常通信。扩频通信对于卫星通信和军事通信尤为重要，人为无可替代，因为卫星通信的电离层信道的信噪比很低，而军事通信通常需要将信号隐蔽在噪声中，扩频能够为卫星通信和军事通信的难题提供解决方案。

1.2　扩频通信的发展历程

扩频通信起源于 20 世纪 20 年代中叶，起初主要满足电子对抗等军用需求，20 世纪 80 年代开始逐渐进入导航、精密测量等民用领域，同时也进入了大发展时代。扩频通信迄今为止的发展历程，可分为雏形阶段、完善阶段和繁荣阶段。

（1）雏形阶段。20 世纪二三十年代。该阶段诞生的无线电探测和定位（Radio Detection And Ranging，RADAR）系统，利用回波证明了电离层的存在，发射信号的频谱宽度大于回波声音信号的频谱宽度，实质上具备了扩频通信的基本特征。

（2）完善阶段。20 世纪 40 年代，奥地利人同时身为美国好莱坞著名影星的赫蒂（Hedy K. Markey），首次提出利用跳频技术实现抗干扰通信的构想；迪罗萨（Derosa）和罗戈夫（Rogoff）于 1949 年完成了全世界第一个直接序列扩频通信系统，并成功将其运用在新泽西州（New Jersey）和加利福尼亚州（California）之间的通信线路上。在该阶段，人类提出了典型的扩频通信数学模型，完成了扩频通信的关键技术论证与实验，使扩频通信的理论和技术日臻完善。

（3）繁荣阶段。20 世纪 50 年代至今。在该阶段，美国麻省理工学院成功研制了扩频通信系统 NOMAC，从此扩频通信研究日益活跃，应用领域已超越传统的无线通信范畴，涉足水声通信、空间探测、卫星侦查和导弹制造等应用领域。

1.3 扩频通信的工作方式

扩频通信通常按照频谱扩展方式进行分类，比较典型的分类如下：

（1）直接序列扩频通信。直接序列扩频（Direct Sequence Spread Spectrum, DSSS）简称直扩，就是直接应用高码率的扩频码在发送端对信号频谱进行扩展，在接收端应用相同的扩频码进行解扩，把展宽的扩频信号还原成原始基带信号。该方式具有发射功率小、抗干扰能力强、抗多径多址能力强、抗跟踪干扰及抑制远近效应能力强等优点。DSSS 通信系统的基本结构如图 1.1 所示。

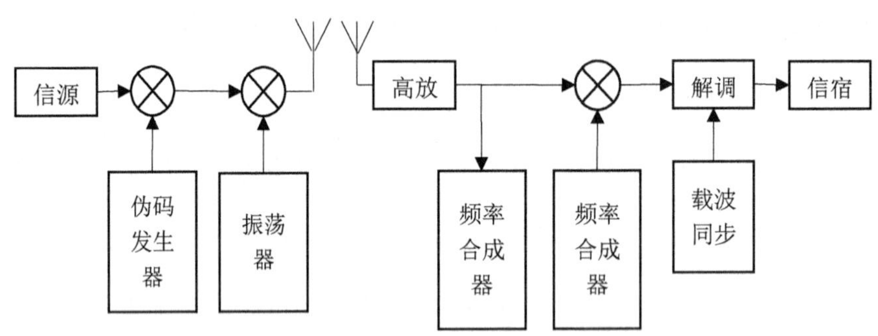

图 1.1 DSSS 通信系统的基本结构

DSSS 通信系统工作时，发送端对信源发出的原始通信数据进行直接序列扩频调制和载波调制，通过天线发射送入信道。在接收端，由本地伪码发生器和同步控制器产生一个与发送端伪码相同的本地伪码，用此伪码与接收信号进行混频即解扩，然后对解扩后的信号进行载波解调，得到信宿所需的原始通信数据。

（2）跳变频率通信。跳变频率（Frequency Hopping , FH）通信简称跳频通信，是载波频串在伪码控制下的随机跳变，可以看成载波按照一定规律变化的多进制频移键控 MFSK（Multi-Frequency Shift Keying ）。简单的频移键控，如

2FSK，只用两个频率分别代表传号和空号，而 FH 有几个、几十个甚至上千个频率，由所传信息与扩频码的组合控制频率跳变。与 DSSS 不同，FH 的伪码不在信道中直接传输，仅仅用来选择信道。FH 通信系统的基本结构如图 1.2 所示。

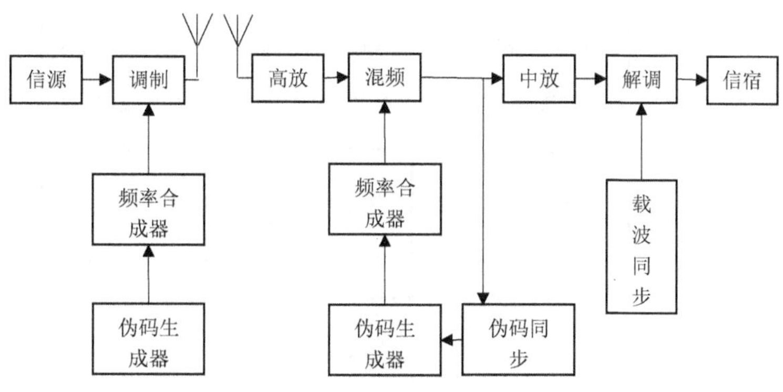

图 1.2　FH 通信系统的基本结构

FH 通信系统工作时，发送端的频率合成器受伪码控制产生按一定规律变化的射频频率，应用该跳变频率去调制基带信号，得到载波频率不断变化的射频信号发送到信道。在接收端，接收到的信号（含噪声和干扰）经过高频放大滤波后送至混频器。接收机的本地载波也是一个频率跳变信号，其变化规律与发送端一致，但与发送频率相差一个固定中频。 收、发双方实现伪码同步后，频率合成器就能同步输出，经过混频后能得到一个固定中频，然后对此中频信号进行解调就可以获得信源发送的原始信号。

（3）混合扩频通信。混合扩频具有不同组合，有很多种类型。例如，直扩和跳频组合构成 DS/FH 混合扩频，是一种中心频率在某一频带内跳变的直接序列扩频，实现抗干扰、多址组网、定时定位和抗多径等功能，DS/FH 通信系统的基本结构如图 1.3 所示。

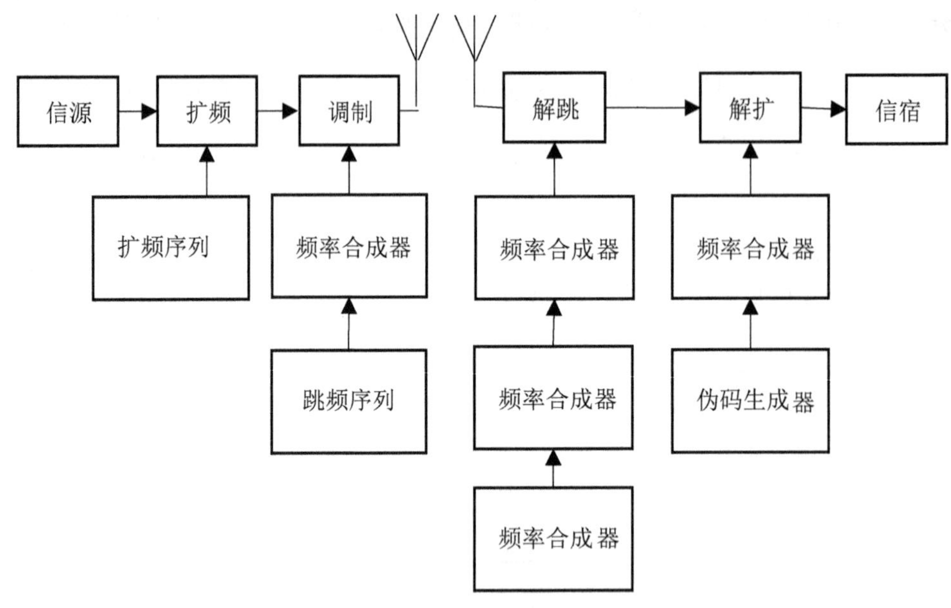

图 1.3　DS/FH 通信系统的基本结构

DS/FH 混合扩频系统工作时，发送端的原始信息首先用伪码进行扩频，然后对频率合成器的输出载波进行跳频调制，即频率合成器的输出频率受跳频序列控制。在接收端，首先进行解跳，得到一个中频 DSSS 信号，直接解扩后送至解调器，恢复出原始信息数据。

1.4　扩频通信的技术关键

1.4.1　同步技术

同步技术是扩频通信最关键的技术，包括位同步、伪码同步、载波同步和帧同步等。

位同步是为了接收一个数据位（1 或 0）所需要进行的同步，即判断什么时刻是数据位的开始。位同步也称为时钟同步，是数字通信的最基本的同步，实

现方法主要有插入位同步法和自同步法两类。信息经过数字调制后，在信道传输中受到噪声的影响，同时由于信道带宽有限，解调后的信号也有可能失真，所以必须进行抽样、匹配、再生才能恢复出原始的整齐规则的基带数字信号。为了在准确时刻抽样，必须在接收端提取位同步信号。所谓位同步信号，就是与发送端码元具有相同的码持续时间和相位的时钟脉冲。

伪码同步是为了接收一个数据码（例如一个字节）所需要进行的同步，即判断输入的数据流中，什么是伪码的起始位。伪码同步可分成捕获和跟踪两个阶段。捕获阶段完成扩频码的粗同步，使收信机和发信机之间的伪码的相位差小于某一阈值，一般为半个码片周期。跟踪阶段将进一步调整收信机的伪码相位，完成收信机和发信机的精确同步。

载波同步的核心问题是如何改善在低信噪比、大多普勒频移环境下的同步性能。载波同步通常在较低信噪比下工作，常用的载波同步方案是锁相环同步环路，当存在较大多普勒频移时必须提前进行频率补偿，还需考虑载波同步相位方差与捕获时间相互制约的关系。

帧同步主要用于时分多路数字传输系统，就是信号以帧为单位进行传输的通信系统。由于每一帧信号的开头和结尾不能由机器自动识别，所以需要为每一帧加入特殊标志，即帧同步信号。帧同步信号可以采用幅度较大的脉冲信号，也可以采用持续时间较长的宽脉冲信号。帧同步包括起止法、集中插入同步法和分散插入同步法等。

1.4.2　抗干扰技术

信道是发射机与接收机之间传输媒介的总称，是任何一个远距离通信系统不可缺少的部分。根据传输媒介的不同，信道可分为有线和无线两种物理信道。

有线信道包括明线、电缆和光纤；无线信道包括中、长波的地波传播，短波的电离层反射传播，超短波和微波的直射传播以及各种散射传播等。无线通信性能受到移动无线信道的制约，而无线信道的路径损失、多径传输及移动引起的接收机信号频移等都会使信号衰落。信道中还会存在人为和非人为干扰，非人为的高斯白噪声只能削弱而不能完全消除，人为加入的窄带干扰通常功率极大，甚至完全淹没干扰频段的有用信号。因此，抗干扰是无线通信系统永恒的难题，通过扩频提高抗干扰性能，已经成为无线通信系统性能完善的重要选择。

1.4.3 编码技术

可靠性与有效性是通信系统的相互矛盾的两个重要指标。若保证通信有效性，则要求尽量压缩数据码元所占的时间，使信号波形变窄，结果经过含有噪声干扰的信道之后，将增加信号产生错误的可能性，从而降低通信可靠性；反之亦然，若要保证通信可靠性，则要求增大单个数据码片所占的时间，这样通信有效性必然降低。所以，怎样使通信系统尽可能在可靠性和有效性的矛盾中折中平衡，是通信系统设计人员必须考虑的问题。

1948 年，香农在论文“通信的数学理论”中提出，对信道编码增加冗余信息，可以实现可靠的通信，开创了信道编码学科的新纪元。信道编码的实质，就是在待传送的信息码中按照一定的数学规律增加一定数量的冗余码元（即校验码），使信息码和校验码之间满足一定的数学运算关系，一般是矩阵运算。结果，信息码与校验码按照某种格式组合在一起，送入信道传输。信道中的码字，由于信道噪声或人为干扰造成错误的信息码和校验码，将不再满足原有的数学运算关系。通信接收端按照事先约定的数学关系，对接收到的码字进行运算，如果满足事先约定好的数学运算关系，则认为接收到的码字是正确的；如果不

满足，则按照一定的算法进行计算，来纠正码字中包含的错误。

目前使用的纠错码，按照构造方法的不同可以分为分组码和卷积码两种。分组码是先将信息码分组，每一组的校验码元均由本组的信息码元按照一定的数学规律产生，与之前和以后的信息码元无关。分组码的编码及译码均按组处理，只有在完全接收了整组码元后才能够开始编码和译码。所以采用分组码的编码器可以简单地看成是一个乘法器。而卷积码编码得到的校验位不仅与本码组的信息码元有关，还与前面的信息有关。但是在编码时与分组码不同，卷积码可以逐位对信息码进行编码，适合以串行形式传输信息。卷积码具有动态格图结构，可用有限状态机来描述其状态。最早出现的分组码是 Hamming 于 1950 年提出的 Hamming 码。Hamming 码能纠正单个错误，但是码长比较短，而且只适用于加性高斯白噪声信道，译码也采用硬判决译码方式。之后又出现了 Gray 码及 RM 码，性能都不突出。Bose 和 Ray-Chaudhur 在 1960 年及 Hocuenghem 在 1959 年分别发现了能纠正多个错误的 BCH 码，Reed 和 Solomon 在 1960 年发现了非二进制里德 - 所罗门码（RS 码），1961 年 Gallager 在其博士论文中提出了 LDPC 码。其中，LDPC 码已被证明是最接近香农限的好码之一。在加性高斯白噪声信道上，如果 LDPC 码的码长大于 10^7，那么在误码率为 10^{-6} 时，距离香农限只有 0.04 dB，LDPC 码译码采用了软判决译码方式。1970 年问世的 Goppa 码和 1982 年问世的代数几何码都属于分组码。但是 Goppa 码和代数几何码中仅有个别码能够达到 GV 限，属于渐进好码，其他码均不属于好码。卷积码与分组码不同，它没有严格的代数结构，至今未能找到把卷积码的纠错性能与卷积码的结构联系起来的精确数学规律。由于缺乏有效的理论研究工具，对卷积码的有效研究成果不是很丰富，目前使用的卷积码大多通过计算机搜索获得。

1.5 扩频通信的技术指标

DSSS通信系统的处理增益和干扰容限是最重要的两项技术指标。处理增益用来衡量通信系统的抗干扰能力，干扰容限反映系统的干扰承受能力。

1.5.1 处理增益

处理增益为接收端解扩部分的输出信噪比与输入信噪比的比值，表达式如公式(1.2)所示：

$$G_p = \frac{B_F}{B_P} \tag{1.2}$$

式中：

B_F——输出信噪功率比；

B_P——输入信噪功率化。

处理增益 G_p 显示直扩通信接收端抑制干扰信号的能力，与抗干扰能力成正比。根据香农定理，当信道容量保持一致时，上述表达式可以进行等价变换：可以把输出输入的信噪比变成伪随机序列速率 R_c 与信息速率 R_b 的比值，或者带宽的比值，如公式(1.3)所示：

$$G_p = \frac{B_F}{B_P} = \frac{R_c}{R_b} \tag{1.3}$$

工程应用上，上式一般用分贝表示，如公式(1.4)所示：

$$G_p = 10\ \lg\left[B_{RF} / R\right] (\mathrm{dB}) \tag{1.4}$$

式(1.4)中的 R 表示信号传输速率；B_{RF} 表示射频信号带宽。实际应用中DSSS

的最大处理增益可达 75 dB。

1.5.2　干扰容限

干扰容限是指在输出误码率或信噪比满足通信系统需求的前提下，接收机允许输入干扰信号超过有用电平（有效电平）的值，数学公式如公式（1.5）所示：

$$M_{\mathrm{j}} = G_{\mathrm{p}} - \left[L_{\mathrm{sys}} + \left(S / N\right)_{\mathrm{out}}\right]\left(\mathrm{dB}\right) \tag{1.5}$$

式中：M_{j} ——系统的干扰容限；

G_{p} ——系统处理增益；

L_{sys} ——系统的内部消耗值；

$\left(S/N\right)_{\mathrm{out}}$ ——在解扩时输出端系统要求的信噪比。

在实际应用中，信噪比会由于系统误差、人为干扰等原因造成损失，解扩端输入信噪比很小时，系统会出现阈值效应，因此在实际应用时，信噪比往往比系统干扰容限更小。

1.6　水声通信

1914 年，世界上第一款水声电报系统的成功研制，成了水声通信发展的重要里程碑，也揭开了该领域大规模发展的序幕。1945 年，美国海军研制的水下电话是第一个真正意义上的水声通信系统。20 世纪 50 年代末，WHOI 研制的调频水声通信系统，首次实现了水面船舶与水底的通信，但是未能解决信道多径效应导致的信号严重衰落及噪声干扰引起的高误码率等问题。20 世纪 60 年代末，随着机电技术的发展及计算机的推广普及，数字调制技术应运而生，且逐渐取代传统的模拟调制技术，并大规模地应用于水声通信领域。相比于模拟调制技术，数字调制技术可以在时域和频域上对畸变的信道进行补偿，并通过纠错编码技术降低通信误码率，提高通信质量。数字调制技术主要包括相移键控（PSK）、频移键控（FSK）、幅移键控（ASK）等调制技术，FSK 调制在很长一段时间内被认为是最适合水声通信的调制方式，因其对频率扩展和信道时间有很强的适应能力，然而它的频带利用率极低，且对带宽要求有一定限制，所以不能充分利用本就有限的信道带宽和频率资源。

20 世纪 80 年代初，PSK 调制开始运用于水声通信领域，早期的 PSK 系统大多采用差分 PSK，但由于相位中噪声的存在，抗噪效果并不理想。20 世纪 90 年代开始，高速相干调制通信技术成了水声通信领域研究的重点，基于 PSK 调制的水声通信系统相继推出。21 世纪初开始，人类对水声通信的新技术新算法的研究日益活跃，正交频分复用（OFDM）技术、扩频技术等就是这个时期的研究热点，而且取得了一系列标志性成果。当前，水声通信网络的研究逐渐兴起，目标是创建水下自治采样网络（AOSN），能传输数据、图像、语言、命令等多种信息，同时提供多个网络节点之间的数据交换。图 1.4 是水声通信网络示意图，水下潜器包括潜艇、水下机器人（AUV）、滑翔式飞船（Glider）等，通过声波在水下组网通信，潜器上浮至水面，将水听器等设备接收到的数据通过铱星、GPS 等通信设备发送给水面舰艇或陆地基站，以实现水陆信息交换。

图 1.4　水声通信网络示意图

1.7　本章小结

本章对扩频通信的理论基础、发展历程、工作方式、关键技术和技术指标进行概述，最后介绍水声通信的主要特点以及水声通信网络的结构组成。

第 2 章
PN 码

扩频通信的独特之处在于扩频和解扩，以及由此获得的抗干扰、通信隐蔽性等优点。对于 DSSS 而言，扩频就是在通信发送端将 PN 码（Pseudo-Noise Code）与待传输的基带数字信号进行模 2 加（即时域相乘），解扩则是在通信接收端进行类似的模 2 加运算。扩频和解扩都离不开 PN 码，因此 PN 码发生器是扩频通信不可缺少的部分。真正的随机序列最符合隐蔽通信的要求，但是它无法产生和复制，因而无法应用；PN 码是伪随机码的简称，“伪”字意味着 PN 码具有周期性和类随机性，跟真正的随机序列不同，类随机性表示 PN 码可以产生和复制，因而可以应用。

2.1　PN 码的基本特征

香农理论指出：只要信息速率 R_0 小于信道容量 C，就可以找到某种编码方法，使在码字相当长的情况下，能够几乎无差错地从遭受高斯白噪声干扰的信号中恢复原始的发送信息。这里有两个条件：一是 $R_0 \leqslant C$，二是码字足够长。香农在证明编码定理时，提出用具有白噪声统计特性的信号来编码，但是白噪声是一种随机过程，其瞬时值服从正态分布，功率谱在很宽的频带内是均匀的，具有极其优良的自相关特性。高斯白噪声的自相关函数为 $R_n(\tau)=\frac{n_0}{2}\delta(\tau)$，其中 $\delta(\tau)=\begin{cases}+\infty, \tau=0\\ 0, \tau\neq 0\end{cases}$ 功率谱为 $G_n(w)=\frac{n_0}{2}$，此处 $\frac{n_0}{2}$ 为白噪声的双边噪声谱密度。

遗憾的是，人们不能实现白噪声的放大、调制、检测、同步、控制等，只能用具有类似于白噪声统计特性的伪随机序列即PN码逼近白噪声，作为扩频通信系统的扩频码。

1967年，Golomb提出了PN码的三项随机性公设：

(1) 平衡性。在序列的一个周期内，0和1的个数最多相差1。

(2) 游程平衡性。在序列的一个周期内，长为1的游程数占总游程数的1/2，长为2的游程数占总游程数的$(1/2)^2$，…，长为i的游程数占总游程数的$(1/2)^i$，并且在等长的游程中，0和1的游程数各占1/2。

(3) 自相关函数为二值函数，理想情况下为δ函数。

目前，完全满足上述三个公设的伪随机序列，大多数以m序列为基础而构成。

2.2 m序列

二进制m序列是一种重要的伪随机序列，具有优良的自相关特性。m序列在扩展频谱及码分多址技术领域具有广泛应用，还是构成其他类型PN码的基础。m序列的理论分析涉及本原多项式、互反多项式、移位寄存器等知识，其技术指标主要是序列长度，即序列周期。

2.2.1 本原多项式

本原多项式是近世代数的一个概念，是唯一分解整环上所有系数的最大公因数为1的多项式。本原多项式不等于零，与本原多项式相伴的多项式仍为本

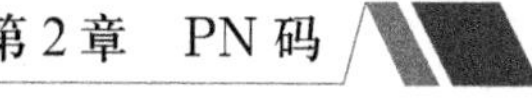

原多项式。

设 $f(x)=a_0+a_1x+a_2x^2+\cdots+a_nx^n$ 是唯一分解整环 D 上的多项式，如果 $\gcd(a_0,a_1,...,a_n)=1$，则 $f(x)$ 为 D 上的一个本原多项式。(符号 gcd() 表示最大公因数)。本原多项式满足以下条件：

(1) $f(x)$ 是既约的，即不能再分解因式；

(2) $f(x)$ 可整除 x^m+1，这里 $m=2^n-1$；

(3) $f(x)$ 不能整除 x^q+1，这里 $q<m$。

2.2.2　m 序列的产生机理

1. m 序列的长度

m 序列是最长线性移位寄存器序列的简称，是由多级移位寄存器或其延迟元件通过线性反馈产生的长度最大的码序列。在二进制移位寄存器中，设 n 为移位寄存器的级数，n 级移位寄存器共有 2^n 个状态，除全零状态外还剩余 2^n-1 种状态，换言之，n 级移位寄存器能产生最大长度为 2^n-1 的 m 序列。m 序列的具体类型即电路结构，由反馈连接方式决定。

m 序列的长度即周期 P，不能取任意值，必须满足公式 (2.1)：

$$P=2^n-1 \tag{2.1}$$

例如，n=3，P=7；n=4，P=15；n=5，P=31。CDMA 蜂窝通信系统使用两种 m 序列：一种是 n=15 的短码 m 序列，另一种是 n = 42 的长码 m 序列。

2. m 序列的产生机理

图 2.1 所示是由 n 级移位寄存器构成的 m 序列发生器，其由 n 个二元寄存器和模 2 开关网络组成。二元寄存器通常是一种双稳态触发器，两种稳态分别

记为“0”和“1”，取决于时钟控制下输出的信息（“0”和“1”）。例如第 n 级移位寄存器的状态取决于前一时钟脉冲后的第 $n-1$ 级移位寄存器的状态。

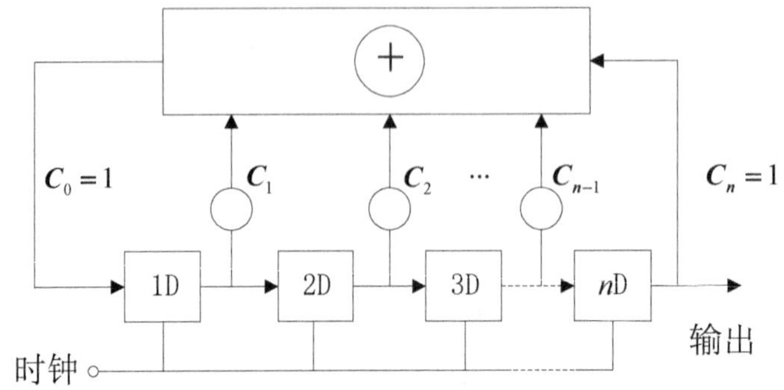

图 2.1　n 级移位寄存器构成的序列发生器

图 2.1 中 C_0，C_1，…，C_n 均为反馈系数，反馈系数为 1 表示参与反馈，为 0 则表示不反馈。因为 m 序列是由循环序列发生器产生的，所以 C_0 和 C_n 必须恒等于 1。一个线性反馈移位寄存器能否产生 m 序列，以及产生何种类型的 m 序列，均取决于反馈系数 C_n（C_0，C_1，…，C_n 的总称）。表 2.1 显示部分 m 序列的反馈系数 C_n。

表 2.1　部分 m 序列的反馈系数表

级数 n	周期 P	反馈系数 C_n（八进制）
3	7	13
4	15	23
5	31	45，67，75
6	63	103，147，155
7	127	203，211，217，235，277，313，325，345，367
8	255	435，453，537，543，545，551，703，747
9	511	1021，1055，1131，1157，1167，1175
10	1023	2011，2033，2157，2443，2745，3471
11	2047	4005，4445，5023，5263，6211，7363
12	4095	10123，11417，12515，13505，14127，15053

续　表

级数 n	周期 P	反馈系数 C_n（八进制）
13	8191	20033，23261，24633，30741，32535，37505
14	16383	42103，51761，55753，60153，71147，76401
15	32765	100003，110013，120265，133633，142305
16	65531	210013，233303，307572，311405，347433
17	131063	400011，411335，444257，527，427，646775

表 2.1 中反馈系数 C_n 以八进制数表示。应用该表时，首先，将每位八进制数转换成二进制数，从左向右或者从右向左，依次用二进制数表示 C_0，C_1，…，C_n；然后，根据 C_0，C_1，…，C_n 值构成 m 序列发生器，例如，表中 $n = 5$ 的反馈系数 $C_n = 45$，转化成二进制数为 100101，即从左至右的反馈系数依次为 $C_0 = 1$，$C_1 = 0$，$C_2 = 0$，$C_3 = 1$，$C_4 = 0$，$C_5 = 1$，写成多项式为 $G(x)=1+x^3+x^5$，由此画出 $n=5$ 的 m 序列发生器的原理图，如图 2.2 所示。

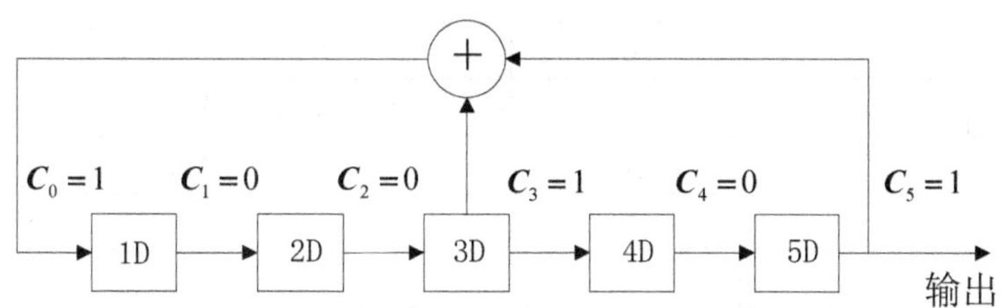

图 2.2　m 序列发生器的原理图（n=5，C_n=45）

根据图 2.2 所示的电路，移位寄存器的初始状态给定后，即可产生 m 序列，周期 $P=2^n-1=32-1=31$。表 2.2 为 C_n= 45 时 m 序列发生器的各级变化状态，初始状态设为 00001。

表 2.2　n=5，C_n=45 时，m 序列发生器状态表

CP	D_i				
	D_1	D_2	D_3	D_4	D_5
0	0	0	0	0	1

续 表

CP	D_i				
	D_1	D_2	D_3	D_4	D_5
1	1	0	0	0	1
2	0	1	0	0	0
3	0	0	1	0	0
4	1	0	0	1	0
5	0	1	0	0	1
6	1	0	1	0	0
7	1	1	0	1	0
8	0	1	1	0	1
9	0	0	1	1	0
10	1	0	0	1	1
11	1	1	0	0	1
12	1	1	1	0	0
13	1	1	1	1	0
14	1	1	1	1	1
15	0	1	1	1	1
16	0	0	1	1	1
17	0	0	0	1	1
18	1	0	0	0	1
19	1	1	0	0	0
20	0	1	1	0	0
21	1	0	1	1	0
22	1	1	0	1	1
23	1	1	1	0	1
24	0	1	1	1	0
25	1	0	1	1	1
26	0	1	0	1	1
27	1	0	1	0	1
28	0	1	0	1	0
29	0	0	1	0	1
30	0	0	0	1	0
31	0	0	0	0	1

m 序列经过 31 个时钟脉冲，又回到起始状态 $D_0=0$，$D_1=0$，$D_2=0$，$D_3=0$，$D_4=0$，$D_5=1$。D_5 输出的码序列为 1000010010110011111000110111010…，可

见码序列周期 $P=31$。如果反馈逻辑关系不变，更换为另一种初始状态，仍能够产生 m 序列，只是起始位不同而已。如果移位寄存器级数相同，而反馈逻辑不同，则产生的 m 序列也不同。例如，5 级移位寄存器（$n=5$）构成的 m 序列发生器，反馈系数 C_n 可以在 45、67 和 75 中选择，选择不同就产生不同的 m 序列。

移位寄存器的反馈逻辑决定是否产生 m 序列，起始状态仅仅决定序列的起始点，不同的反馈系数才是能否产生或者产生何种 m 序列的决定因素。如果起始状态为全 0，那么移位寄存器输出也为全 0，构成死循环，就无法生成 m 序列。因此，在 m 序列发生器中全 0 状态必须避免，可以通过全 0 检测电路来实现。

2.2.3 m 序列的特性

1）m 序列的类随机性

m 序列是一种满足 Golomb 的三个随机公设的伪随机序列，具有类随机性。其自相关函数具有尖锐的二值特性，互相关函数具有多值特性。m 序列的类随机性主要是指码序列平衡性、游程平衡性和移位相加性。

在 m 序列的一个周期内，码元“1”和“0”的数目只相差 1。这称为 m 序列的平衡性。

在一个 m 序列中把相同的相邻的码元称为一个游程，在一个游程中相同码元的个数称为游程的长度。在 m 序列的一个周期内，共有 2^{n-1} 个游程，其中码元“0”的游程和码元“1”的游程各占一半。当 $1 \leqslant k \leqslant n-2$ 时，长为 k 的游程数占总数的 $(1/2)^k$，长为 $n-1$ 的游程只有一个，为“0”的游程；长为 n 的游程也只有一个，为“1”的游程。这就是 m 序列的游程平衡特性。例如级数 n=4，码

长 $P=2^4-1=15$，假设起始状态为“1111”，查表2.1得 $C_i=(23)_8=(10011)_2$，对应的生成多项式为 $G(x)=1+x+x^2+x^3+x^4$。产生的m序列为111100010011010，其中，“1”为8个，“0”为7个，“1”与“0”相差1个，且“1”比“0”多1个，满足码平衡性。表2.3列出了该m序列的游程分布。

表2.3　m序列“111100010011010”的游程分布

游程长度/比特	游程数目		所包含的比特数
	“1”	“0”	
1	2	2	4
2	1	1	4
3	0	1	3
4	1	0	4
—	游程总数为8		—

m序列和其移位后的序列逐位模2加，所得的序列仍为该m序列，区别是起始位不同，这一特性称为m序列的移位相加性。例如原m序列 $\{x_i\}$=1110100，右移2位后为 $\{x_{i-2}\}$=0011101，它们模2加后为1101001，可见它只是原m序列左移一位的结果。

2）m序列的相关性

自相关函数的定义如公式（2.1）所示：

$$R_x(j)=\frac{1}{P}\sum_{i=1}^{P}x_i x_{i+j} \tag{2.1}$$

由于序列电平的乘法运算等价于序列负逻辑映射前码元的模2加，所以自相关函数实际上是原序列与逐次移位后新序列相似性的一种度量。

当 $j\neq 0$ 时，根据移位相加性，m序列 $\{x_i\}$ 与移位后的m序列 $\{x_{i+j}\}$ 进行模2加后，仍然是一个m序列，依据m序列的平衡性，码元“1”和“0”的个数相差一个，所以有公式 (2.2)：

$$R_x(j) = -\frac{1}{P}, \quad j \neq 0 \tag{2.2}$$

当 $j = 0$ 时，因为序列 $\{x_i\}$ 与 $\{x_{i+j}\}$ 完全相同，模 2 加后全部为“0”，负逻辑映射后全部为 +1，如公式 (2.3) 所示：

$$R_x(j) = 1, \quad j=0 \tag{2.3}$$

因此，m 序列的自相关函数如公式 (2.4) 所示：

$$R_x(j) = \frac{1}{N}\sum_{i=1}^{N} x_i x_{i+j} = \begin{cases} 1, & j = 0 \\ -\frac{1}{N}, & j \neq 0 \end{cases} \tag{2.4}$$

若序列周期为 P，码元宽度为 T_c，那么自相关性系数是以 PT_c 为周期的函数，如图 2.3 所示。图中横坐标以 τ/T_c 表示，若 $\tau/T_c=1$，则移位 1 比特，即 $\tau=T_c$；若 $\tau/T_c= 2$，则 $\tau=2T_c$，即移位 2 比特。以此类推。在 $|\tau|\leqslant T_c$ 的范围内，自相关系数如公式 (2.5) 所示：

$$R_x(\tau) = 1 - (\frac{P+1}{P})\frac{|\tau|}{T_c}, \quad |\tau|\leqslant T_c \tag{2.5}$$

由图 2.3 知，m 序列的自相关系数在 $\tau = 0$ 处出现尖峰，并以 PT_c 时间为周期重复出现。尖峰底宽为 $2T_c$。T_c 越小，峰越尖。周期 P 越大，$|-1/P|$ 就越小。在这种情况下 m 序列的自相关性最好。m 序列的自相关函数既是周期函数又是偶函数，即 $R(\tau)=R(-\tau)$。

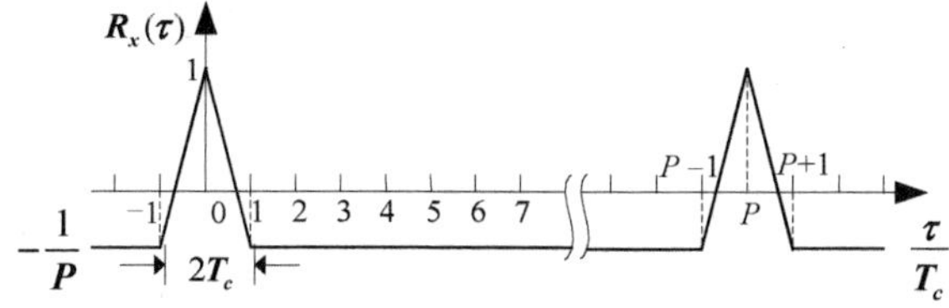

图 2.3　m 序列自相关函数图

由于 m 序列自相关函数在 T_c 的整数倍处只有 1 或 $-1/P$ 两种取值，所以 m 序列称为二值自相关序列。两个码序列的互相关函数是两个不同码序列一致程度（相似性）的度量，它也是位移量的函数。计算公式如公式（2.6）所示：

$$R_{xy}(j)=\frac{1}{P}\sum_{i=1}^{P}x_i y_{i+j}=\frac{A-D}{A+D} \tag{2.6}$$

其中：A—— 两序列对应位相同的个数，即两序列模 2 加后“0”的个数；

D—— 两序列对应位不同的个数，即两序列模 2 加后“1”的个数。

研究表明，两个长度（周期）相同，由不同反馈系数产生的两个 m 序列，其互相关函数与自相关函数相比，没有尖锐的二值特性的而出现多值特性。对地址码而言，互相关函数越小越好，这样便于区分不同用户，或者说便于提高抗干扰能力。为了理解上述互相关函数问题，下面举例予以详细说明。

由表 2-1 可知，不同的反馈系数可以产生不同的 m 序列，其自相关函数均满足上述特性，但它们之间的互相关函数是多值的。例如 n=5，C_n=45 的 m 序列为：

$\{x\}$=1000010010110011111000110111010

下面求 C_n =75 的 m 序列，设它为 $\{y\}$，求出 $\{y\}$ 后，即能求互相关函数。

根据反馈系数 C_n，先画出 m 序列发生器的结构。由于 $C_i=(75)_8=(111101)_2$，其对应的生成多项式为 $G(x)=1+x+x^2+x^3+x^5$，可得输出 m 序列 $\{y\}$ 为：

$\{y\}$=111101110001010110100001100100

$\{x\}$ 序列和 $\{y\}$ 序列的互相关函数曲线，如图 2.4 所示。

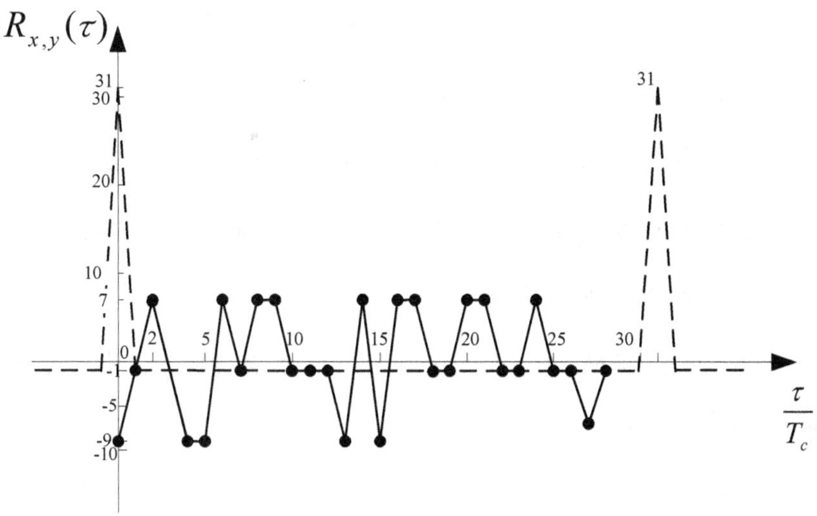

图2.4 两个m序列（P=31）的互相关函数曲线

图2.4中实线为互相关函数 $R_{xy}(j)$，显示是一个多值函数，有正、有负；虚线示出了自相关函数，最大值为31，而互相关函数的最大值的绝对值为9。

3）m序列的功率谱

信号的自相关函数和功率谱之间形成傅里叶变换对公式（2.7）：

$$\begin{cases} G(\omega)=\int_{-\infty}^{+\infty} R_x(\tau)\mathrm{e}^{-j\omega\tau}\mathrm{d}\tau \\ R_x(\tau)=\dfrac{1}{2\pi}\int_{-\infty}^{+\infty} G(\omega)\mathrm{e}^{j\omega\tau}\mathrm{d}\omega \end{cases} \tag{2.7}$$

由于m序列的自相关函数是周期性的，所以对应的频谱是离散的。自相关函数是三角波，对应的离散谱的包络为 $\mathrm{Sa}^2(x)$。由此可得m序列的功率谱 $G(\omega)$ 如公式（2.8）所示：

$$G(\omega)=\frac{1}{N^2}\delta(\omega)+\frac{N+1}{N^2}\sum_{\substack{n=-\infty \\ n\neq 0}}^{\infty}\left(\frac{\sin\frac{T_c}{2}\omega}{\frac{T_c}{2}\omega}\right)^2\delta(\omega-\frac{2\pi n}{NT_c}) \tag{2.8}$$

由此可得：

(1) m 序列的功率谱为离散谱，谱线间隔 $\omega_1=2\pi/(NT_c)$。

(2) 功率谱的包络为 $\mathrm{Sa}^2(T_c\omega/2N)$，每个分量的功率与周期 N 成反比。

(3) 直流分量与 N^2 成反比，N 越大，直流分量越小，载漏越小。

(4) 带宽由码元宽度 T_c 决定，T_c 越小，即码元速率越高，带宽越宽。

(5) 第一个零点出现在 $2\pi/T_c$ 处。

增加 m 序列的长度 N，减小码元宽度 T_c，能使谱线加密，谱密度降低，更接近于理想的噪声特性。

4) m 序列的个数

理论分析给出 n 级线性移位寄存器能够生成的 m 序列的个数如公式 (2.9) 所示：

$$N_m = \frac{\Phi(2^n - 1)}{n} \tag{2.9}$$

其中，欧拉公式定义如公式 (2.10) 所示：

$$\Phi(n) = \begin{cases} 1, & n = 1 \\ \prod_{i=1}^{k} p_i^{\alpha-1}(p_i - 1), & n = \prod_{i=1}^{k} p_i^{\alpha_i} \text{（素数分解）} \\ p - 1, & n = p \end{cases} \tag{2.10}$$

式中：p、p_i (i=1,2,⋯,k) 为素数。

2.3 Gold 序列

利用扩频技术进行码元多址通信，要求可用的地址码数量要多，互相关值要小，码发生器的结构要简单。m 序列的不足是 m 序列数目少，为 $\phi(2^n - 1)/n$ 条，

不能满足地址码的要求。1967 年，R. Gold 提出，Gold 序列就是在 m 序列的基础上得到，但它的条数远远超过 m 序列，并具有良好的自相关和互相关特性，因此在工程上得到了广泛使用。

2.3.1　m 序列的优选对

Gold 码是基于 m 序列优选对产生的，因此首先分析 m 序列的优选对。

m 序列优选对是指在 m 序列集中，互相关函数最大值的绝对值 $|R_{ab}|_{\max}$ 小于或等于互相关值下限 (最大值) 的一对 m 序列。

设序列 $\{a\}$ 是对应 n 阶本原多项式 $f(x)$ 的 m 序列，序列 $\{b\}$ 是对应 n 阶本原多项式 $g(x)$ 的 m 序列，若它们的互相关函数值 $R_{ab}(\tau)$ 满足不等式 (公式 2.11)：

$$|R_{ab}(k)| \leqslant \begin{cases} 2^{\frac{n+1}{2}}+1, & n\text{为奇数} \\ 2^{\frac{n+2}{2}}+1, & n\text{为偶数，}n\text{不是4的倍数} \end{cases} \tag{2.11}$$

则 $f(x)$ 和 $g(x)$ 产生的 m 序列 $\{a\}$ 和 $\{b\}$ 构成优选对。

例如，$n=6$ 的本原多项式 103 和 147，分别对应的本原多项式为

$$f(x)=1+x+x^6$$

$$f(x)=1+x+x^2+x^5+x^6$$

分别产生 m 序列 $\{a\}$ 和 $\{b\}$，经计算得出它们的互相关特性 $|R_{ab}|_{\max}=17$。

根据不等式 (2.11)，当 $n=6$ 时 (n 为偶数且不是 4 的倍数) 计算得 $|R_{ab}|_{\max}$ 要满足小于等于 17 的条件，因而产生的 m 序列 $\{a\}$ 和 $\{b\}$ 能够构成 m 序列优选对。103 和 155 产生的序列 $\{a\}$ 和 $\{b\}$，其互相关函数的最大值 $|R_{ab}|_{\max}=23>17$，不满足条件，故不能构成 m 序列优选对。表 2.4 列出了不同码长的 m 序列的最大互

相关值，表 2.5 给出了部分 m 序列优选对。

表 2.4　不同码长的 m 序列的最大互相关值

移位寄存器级数	码长	互相关函数值	归一化
3	7	≤ 5	5/7
5	31	≤ 9	9/31
6	63	≤ 17	17/63
7	127	≤ 17	17/127
9	511	≤ 33	33/511
10	1023	≤ 65	65/1023
11	2047	≤ 65	65/2047

表 2.5　部分优选对码表

级数	基本本原多项式	配对本原多项式
7	211	217，235，277，325，203，357，301，323
	217	211，235，277，325，213，271，357，323
	235	211，217，277，325，313，221，361，357
	236	217，203，313，345，221，361，271，375
9	1021	1131，1333
	1131	1021，1055，1225，1725
	1461	1743，1541，1853
10	2415	2011，3515，3177
	2641	2517，2218，3045
11	4445	4005，5205，5337，5263
	4215	4577，5747，6765，4563

2.3.2　Gold 序列的产生

Gold 码是 m 序列的复合码序列，它是两个码长相等、速率相同的 m 序列优选对的模 2 和。每改变两个 m 序列的相对位移就能够得到一个新的 Gold 序列。当相对位移为 1,2,⋯, 2^n-1 个比特时，就可得到 2^n-1 个序列，加上原来的两个 m 序列，共有 2^n+1 个 Gold 序列。

产生 Gold 序列的电路结构有两种。一种是乘积型或串联型，将 m 序列优选对的两个特征多项式的乘积多项式作为新的特征多项式，根据此 $2n$ 次特征多项式构成新的线性移位寄存器。另一种是模 2 和或并联型，它直接求两个 m 序列优选对输出序列的模 2 和。

例如，$n=6$ 时，生成 Gold 序列的 m 序列优选对的本原多项式分别为 $f(x)=1+x+x^6$ 和 $g(x)=1+x+x^2+x^5+x^6$。这两种结构完全等效，所产生的 Gold 序列的周期都是 $P=2^n-1$。虽然串联型特征多项式 $f(x)g(x)=x^{12}+x^{11}+x^8+x^7+x^6+x^5+x^3+x^2+1$ 的最高次数是 12，但由于 $f(x)$ 和 $g(x)$ 不是不可约多项式，更不是本原多项式，所以不能产生码长为 $P=2^{2n}-1$ 的序列。$f(x)$ 和 $g(x)$ 的周期都是 2^n-1，因此两者之积也必然是周期为 2^n-1 的周期序列。

2.3.3　Gold 序列的特性

由 m 序列优选对模 2 和产生的 Gold 码族中的 2^n-1 个序列，已不再是 m 序列，所以不再具有 m 序列的特性。Gold 码族中任意两个序列的互相关函数满足公式 (2.12)：

$$\left|R_{ab}(k)\right| \leqslant \begin{cases} 2^{\frac{n+1}{2}}+1, & n\text{为奇数} \\ 2^{\frac{n+2}{2}}+1, & n\text{为偶数，}n\text{不是4的倍数} \end{cases} \tag{2.12}$$

由于 Gold 码的这一特性，码族中任意码序列都可以作为地址码，结果大大超过用 m 序列作为地址码的数量，因此 Gold 序列在多址技术中具有广泛应用。Gold 码序列具有三值互相关函数特性。当 n 为奇数时，码族中约有 50% 的码序列有很低的互相关函数；当 n 为偶数且不是 4 的倍数时，码族中约有 75% 的码序列有很低的互相关函数。三值互相关函数的特性如表 2.6 所示。

表 2.6 Gold 码互相关函数

寄存器长度	码长	归一化互相关函数	出现概率
n 为奇数	$N=2^n-1$	$-\frac{1}{N}$	0.5
		$-\frac{2^{\frac{n+1}{2}}+1}{N}$	0.25
		$\frac{2^{\frac{n+1}{2}}-1}{N}$	0.25
n 为偶数，但不是 4 的倍数	$N=2^n-1$	$-\frac{1}{N}$	0.75
		$-\frac{2^{\frac{n+1}{2}}+1}{N}$	0.125
		$\frac{2^{\frac{n+1}{2}}-1}{N}$	0.125

Gold 码自相关函数的旁瓣同互相关函数一样取三值，只是出现的位置不同。Gold 码族的互相关函数取值已有研究结果，但不同族之间互相关函数的取值尚无研究结果。目前已发现不同的 Gold 码族的互相关值不是三值而是多值的，且大大超过同族内的互相关数值。

2.4 M 序列

M 序列是最长序列，它是由非线性移位寄存器产生的码长为 2^n 的周期序列。M 序列已达到 n 级移位寄存器所能达到的最长周期，所以称为全长序列。

2.4.1　M 序列的产生

M 序列的构造可以在 m 序列基础上实现。因为 m 序列已包含 2^n-1 个非“0”状态，缺少由 n 个 0 组成的一个“0”状态，所以由 m 序列构成 M 序列时，只要在适当的位置插入一个 0 状态（n 个 0），即可使 m 序列码长由 2^n-1 增长至 2^n。显然应在状态 100…0 之后，使之出现 0 状态，同时还必须使 0 状态的后续为原 m 序列状态后续 0…01。$\overline{x}_1\overline{x}_2\cdots\overline{x}_{n-1}$ 产生 M 序列的状态为 $\overline{x}_1\overline{x}_2\cdots\overline{x}_{n-1}$（即 000…0），加入反馈逻辑项后，反馈逻辑函数如公式（2.13）所示：

$$f(x_1,x_2,\cdots,x_n)=f_0(x_1,x_2,\cdots,x_n)+\overline{x}_1\overline{x}_2\cdots\overline{x}_{n-1} \tag{2.13}$$

式中：$f_0(x_1,x_2,\cdots,x_n)$ 为原 m 序列反馈逻辑函数。将本原多项式 $f(x)=1+x^3+x^4$ 产生的 2^n-1 长度的 m 序列加长为码长 2^n 的 M 序列，其反馈逻辑函数如公式（2.14）所示：

$$f(x_1,x_2,\cdots,x_n)=x_4+x_3+\overline{x}_1\overline{x}_2\overline{x}_3 \tag{2.14}$$

M 序列发生器的全零状态检测电路如图 2.5 所示。

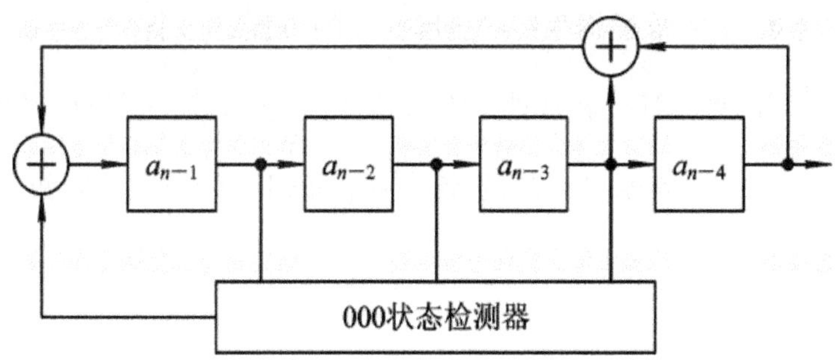

图 2.5　4 级 M 序列发生器电路

设初始状态为(0100)，其状态流程为：

0100→1001→0011→0110→1101→1010→0101→1011→0111→1111→1110→1100→1000→0000→0001→0010→0100(初态)

由上述循环移位过程，可以看到$\bar{x}_1\bar{x}_2\bar{x}_3$为000的三状态检测器，同时起到检测1000和0000两个状态的作用。当它检测到1000状态时，检测器输出为1状态。此状态和反馈输入a_n(为1状态)模2加，输入到a_{n-1}状态为0，使后续状态为0状态。在0状态时检测器继续输出1状态，此状态和反馈输入a_n(此时为0态)模2加，输入到a_{n-1}状态为1，使0状态的后续为0001，结果就是把0状态插进。在上述过程中，检测器起到检测1000和0000两个状态的作用。

2.4.2 M序列的特性

M序列的随机特性：

(1)在每一个周期$P=2^n$内，序列中0和1元素各占1/2，即各为2^n-1。

(2)在一个周期内共有2^n-1个游程，其中同样长度的0游程和1游程的个数相等。当$1 \leqslant k \leqslant n-2$时，游程长度为$k$的游程数占总游程数的$2^{-k}$，即等于$2^{n-k}-1$。长度为$n-1$的游程不存在。长度为$n$的游程有2个。

(3)M序列不再具有移位相加性，因而其自相关函数不再具有双值特性，而是一个多值函数。对于周期$P=2^n$的M序列，其归一化自相关函数$R_M(\tau)$具有如下相关值：

① $R_M(0)=1$;

② $R_M(\pm\tau)=0$，$0<\tau<n$;

③ $R_M(\pm n)=1-4W(f_0)/P \neq 0$。

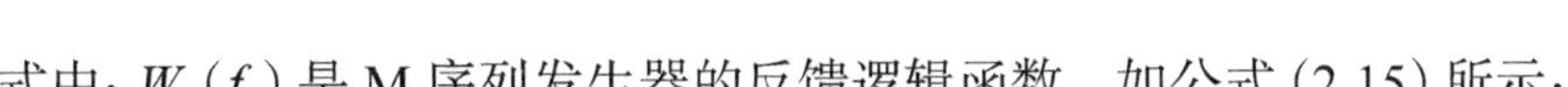

式中：$W(f_0)$ 是 M 序列发生器的反馈逻辑函数，如公式 (2.15) 所示：

$$f(x_1,x_2,\cdots,x_n)=f_0(x_1,x_2,\cdots,x_n)+x_n \tag{2.15}$$

其值为 $x_n f_0(x_1,x_2,\cdots,x_{n-1})$ 的真值表中函数所在序列中 1 的个数。通常把 $W(f_0)$ 称作 f_0 的权重。

2.4.3　M 序列的数量

M 序列的自相关函数不如 m 序列，但是 M 序列的数量远远比 m 序列大。由 n 级线性移位寄存器产生的 m 序列总数如公式 (2.16) 所示：

$$N_m=\frac{\Phi(2^n-1)}{n} \tag{2.16}$$

由 m 序列加长构成的 M 序列也只有 $\Phi(2^n-1)/n$ 个，数量不多，但若将 2^n 个状态进行适当的排列，使每一种状态有唯一的先导和后续，且所有状态构成一个有 2^n 个顶点的圈，就能得到更多的 M 序列。

从表 2.7 中可以看出，M 序列数量相当大，可供选择的序列数多，在做跳频和加密码时具有极强的抗侦破能力，因此 M 序列在现代通信技术中得到了广泛应用。

表 2.7　基于 m 序列数量的 M 序列与 n 的关系

n	1	2	3	4	5	6
$\Phi(2^n-1)/n$	1	1	2	2	6	6
$2^{2^{n-1}-n}$	1	1	2	16	2048	67 108 864

2.5 其他 PN 码

（1）R-S 码。R-S 码即 Reed-Solsmon 码，是在域 $GF(q)=GF(p^r)$ 上的一种特殊的 BCH 码，即为一种特殊的循环码。

（2）Walsh 序列。Walsh 码是一个正交序列，即互相关函数为零，属于第二类广义伪随机码。

（3）巴克码。巴克码是一种非周期序列，局部自相关特性好，具有类似伪随机码性质。定义如下：

设 $\{x_i \mid x_i = \pm 1, i=1, 2, \cdots, P\}$ 为一有限长度序列，当 $1 \leqslant \tau \leqslant P-1$ 时，其局部相关函数如公式 (2.17) 所示：

$$R(j)=\sum_{i=1}^{P-j} x_i x_{i+j} \tag{2.17}$$

并满足公式 (2.18)：

$$R(j)=\begin{cases} P, & j\neq 0 \\ 0,\pm 1, & j\neq 0 \end{cases} \tag{2.18}$$

该序列称为巴克序列或巴克码，自相关函数在原点 ($j=0$) 有峰值 P，在其他点上的值在“0”“1”“-1”之间变化，说明自相关函数与白噪声的自相关函数类似，因此属于一种非周期伪随机码。

2.6　本章小结

本章介绍了 PN 码的基本概念、PN 码在扩频通信中的关键作用、典型 PN 码的产生原理以及其他类型 PN 码的特点，为后续扩频通信系统的深入研究奠定基础。

第 3 章
调制技术

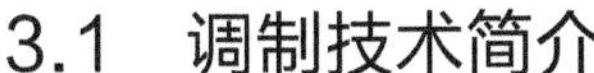

3.1 调制技术简介

扩频通信主要是指长距离无线通信，扩频通信系统除了需要扩频调制，还需要载波调制。所谓载波调制，就是通过载波将基带信号频谱搬移到适合无线信道传输的特定频带，同时载波信号的幅度、相位和频率等受基带信号控制。

载波调制根据基带信号是模拟信号还是数字信号，可分为载波模拟调制和载波数字调制两大类。载波模拟调制主要有调幅、调频和调相三种方式，载波数字调制又称为键控，主要有幅移键控、频移键控和相移键控三种方式。数字通信系统对具体调制方式的选择，需要在可靠性、有效性和实现难易程度之间进行折中；相移键控相对于幅移键控和频移键控，具有较好的频带利用率和抗噪性能，在中高速数字通信系统中应用较广，其中二相相移键控实现简单，属于典型的载波数字调制方式。

3.2 调制方式分类

3.2.1 载波模拟调制

调幅（Amplitude Modulation , AM）是用调制信号控制载波振幅，使振幅随基带信号的变化而变化，已调载波称为调幅波。调幅波的频率与载波频率一致，调幅波的包络反映基带信号的波形特征。AM 调制实现简单，但抗干扰性差，传输信号容易失真，设备利用率不高。

调频（Frequency Modulation , FM）是用调制信号控制载波频率，使频率随调制信号的变化而变化，已调载波称为调频波。调频波的振幅保持不变，其瞬时频率偏离载波频率的量与基带信号的瞬时值成比例。FM 实现起来比 AM 稍复杂，占用频带远比 AM 宽，因此需要工作在超短波波段。FM 抗干扰性好，传输信号失真小，设备利用率较高。

调相（Phase Modulation , PM）是用调制信号控制载波相位，使相位随调制信号而变化，已调载波称为调相波。调相波的振幅保持不变，其瞬时相角偏离载波相角的量与基带信号的瞬时值成比例。调频波有相角变化，调相波有频率变化；但是调频波的相角变化不与基带信号成比例，而调相波的频率变化却与基带信号成比例。

3.2.2 载波数字调制方式

载波数字调制是调制信号为数字信号的调制方式，所用载波一般是连续正弦波。由于正弦波有幅度、频率和初始相位三个物理参数，所以从原理上讲既可以用数字信号独立地调制三个参数中的任意一个而保持另外两个不变，分别得到幅移键控、频移键控和相移键控三种基本调制方式，也可以用数字信号同时调制任意两个参数而保持另外一个参数不变，分别得到幅度与相位、幅度与频率或者频率与相位等混合型载波数字调制。

1. 二进制幅移键控

二进制幅移键控（2 Amplitude Shift Keying, 2ASK 或 Binary Amplitude Shift Keying, BASK）的载波幅度受基带调制信号的控制，而频率和相位保持不变。也就是说，用二进制数字信号的“1”和“0”控制载波的“通”和“断”，因此又

称为通 – 断键控。假定载波信号 $c(t)=\cos\omega t$，发送的二进制基带信号由 0、1 序列组成，其中发送 0 的概率为 P，发送 1 的概率为 $1-P$，发送 1 和发送 0 相互独立，那么该二进制基带信号及其 2ASK 信号的时域表达分别如公式（3.1）和（3.2）所示：

$$s(t)=\sum_n a_n g(t-nT_{\mathrm{b}}) \tag{3.1}$$

$$s_{\mathrm{2ASK}}(t)=\left[\sum_n a_n g(t-nT_{\mathrm{b}})\right]\cos\omega_c t \tag{3.2}$$

其中：T_{b}——二进制基带信号的码元时间间隔；

$g(t)$——二进制调制信号的脉冲表达式。

为便于讨论，设二进制基带信号是幅度为 1、脉冲宽度为 T_{b} 的单极性脉冲，其数学表达式如公式（3.3）所示：

$$g(t)=\begin{cases}1, & 0\leqslant t\leqslant T_s\\ 0, & \text{其他}\end{cases} \tag{3.3}$$

其中 a_n 是二进制数字信号，按照公式（3.4）取值

$$a_n=\begin{cases}0, & \text{概率为}\,P\\ 1, & \text{概率为}\,(1-P)\end{cases} \tag{3.4}$$

二进制幅移键控波形如图 3.1 所示。2ASK 信号的产生方法如图 3.2 所示，包含模拟调制法（载波直接相乘法）和电子键控法两种产生方法。

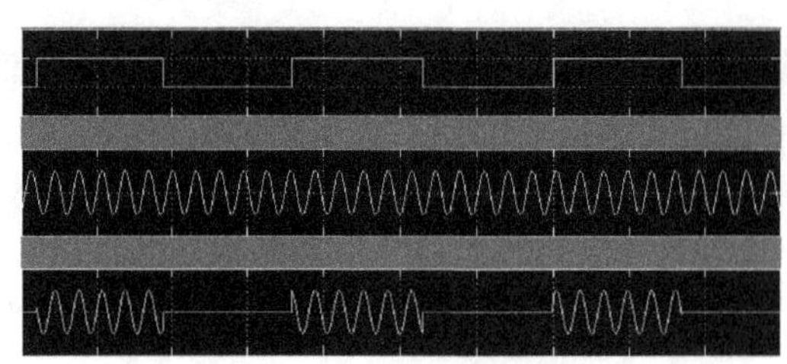

图 3.1　二进制幅移键控的波形示意图

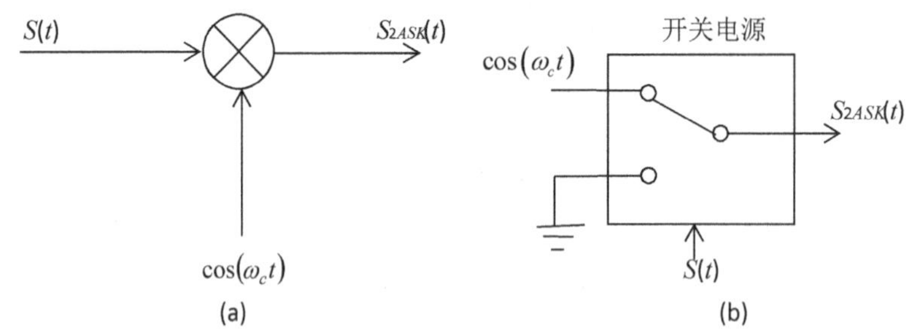

图 3.2　2ASK 信号的产生方法

(a) 模拟调制法；(b) 电子键控法

2. 二进制频移键控

二进制频移键控（2 Frequency Shift Keying，2FSK 或 Binary Frequency Shift Keying，BFSK）的载波频率受基带调制信号的控制，而幅度和相位保持不变。设二进制基带数字信号的“1”对应载波频率 f_1，“0”对应载波频率 f_2，f_1 和 f_2 之间可以瞬间切换，则 2FSK 信号可以看成两个不同载波的二进制幅移键控信号的叠加。2FSK 信号的时域表达如公式 (3.5) 所示：

$$S_{2\mathrm{FSK}}(t)=\left[\sum_n a_n g(t-nT_s)\right]\cos(\omega_1 t+\theta_n)+\left[\sum_n \overline{a_n} g(t-nT_s)\right]\cos(\omega_2 t+\phi_n) \tag{3.5}$$

θ_n 和 ϕ_n 分别表示第 n 个信号码元的初始相位，a_n 定义如公式 (3.6) 所示：

$$a_n=\begin{cases}0, & \text{概率为}P\\ 1, & \text{概率为}(1-P)\end{cases};\quad \overline{a_n}=\begin{cases}0, & \text{概率为}(1-P)\\ 1, & \text{概率为}P\end{cases} \tag{3.6}$$

一般地，将 $g(t)$ 看成宽度为 T_s 的单极性脉冲，二进制码元的波形表示如公式(3.7)所示：

$$\begin{cases} s_1(t)=\sum_n a_n g(t-nT_s) \\ s_2(t)=\sum_n \overline{a_n} g(t-nT_s) \end{cases} \tag{3.7}$$

则2FSK信号表示可简化为：

$$s_{2FSK}(t)=s_1(t)\cos(\omega_1 t+\theta_n)+s_2(t)\cos(\omega_2 t+\phi_n) \tag{3.8}$$

2FSK信号波形如图3.3所示。2FSK信号有两种电路实现方法，如图3.4所示：其中图(a)为模拟调频法，是利用二进制基带信号对载波进行调频，此方法不存在相位断续现象，是2FSK早期常用的实现方法；图(b)为数字键控法，两个振荡器的输出载波受输入的二进制基带信号控制，在一个码元 T_s 期间输出频率为 f_1 或 f_2 的载波，数字键控法使用了两个独立的振荡器，使信号波形的相位存在不连续现象，但是它具有转换速度快、波形好、稳定度高且易于实现等优点，因此应用较广泛。

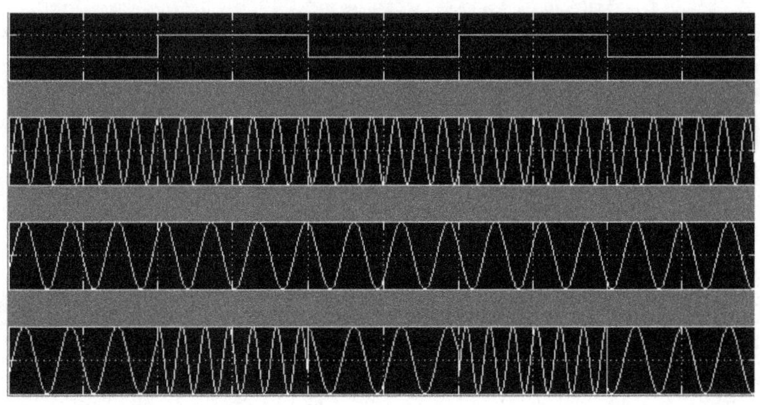

图3.3　2FSK信号的典型波形

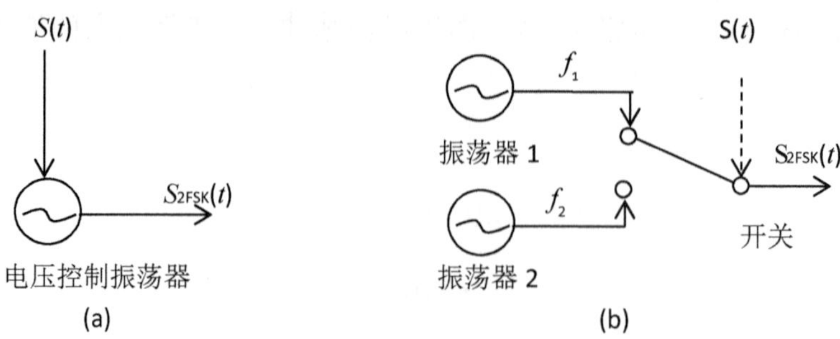

图 3.4　二进制频移键控的实现方法

(a) 模拟调频法；(b) 数字键控法

3. 二进制相移键控

二进制相移键控 (2 Phase Shift Keying，2PSK 或 Binary Phase Shift Keying，BFSK)，要求二进制序列的数字信号"1"和"0"分别用载波相位 π 和 0 表示，而幅度和频率保持不变。设二进制基带信号与前面假设一样，则 2PSK 信号波如公式 (3.9) 所示：

$$s_{2\mathrm{FSK}}(t)=\left[\sum_{n} a_{n} g(t-nT_{s})\right]\cos(\omega_{c}t) \tag{3.9}$$

虽然式 (3.9) 与 2ASK 的表达形式 (3.2) 一样，但 a_n 不同，此处 a_n 的含义如公式 (3.10) 所示：

$$a_n=\begin{cases}+1, & \text{概率为}P\\ -1, & \text{概率为}(1\text{-}P)\end{cases} \tag{3.10}$$

发送二进制符号"0"码 (即 a_n 取 +1) 时，$S_{2\mathrm{PSK}}$ (t) 取 0 相位；发送二进制符号"1"码 (即 a_n 取 −1) 时，$S_{2\mathrm{PSK}}$ (t) 取 π 相位。2PSK 信号的波形如图 3.5 所示，图中所有数字信号"1"码对应载波信号的 π 相位，"0"码对应载波信号的 0 相位。

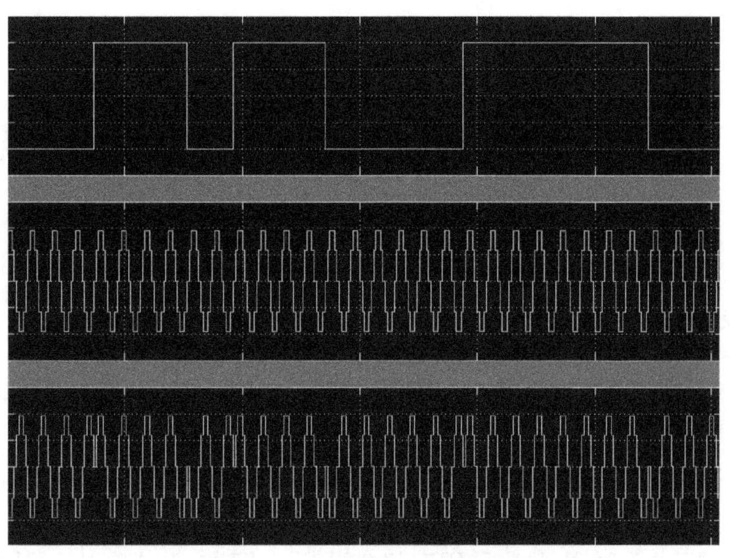

图 3.5 2PSK 信号波形图

2PSK 信号的产生也有两种方法，如图 3.6 所示，其中图 (a) 为模拟调制法，要求二进制数字序列 $\{a_n\}$ 经码型变换，由单极性形成幅度为 ±1 的双极性不归零码，再与载波相乘产生 2PSK 信号。

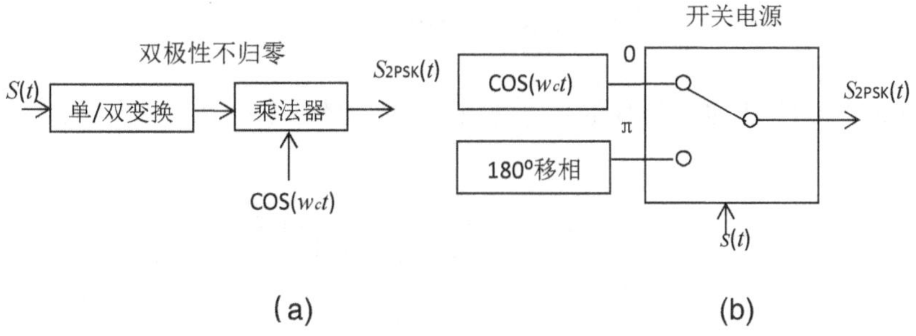

图 3.6 2PSK 信号的产生方法

(a) 模拟调制法; (b) 相移键控法

在扩频通信系统中，由于平衡调制可以抑制载波，使干扰者难以实现瞄准式干扰，而发送者可以用较多的功率来传输信号，所以扩频系统常采用相移键控，比如二进制相移键控 BPSK。

3.3 BPSK 扩频调制

BPSK 是扩频通信最常用的调制方式。设扩频码为 $c(t)$，载波频率为 ω_0，则 BPSK 波形如公式 (3.11) 所示：

$$s(t)=\cos(\omega_0 t+\phi) \tag{3.11}$$

其中，ϕ 是相位调制指数，通常规定扩频码序列 $c(t)=0$ 时 $\phi_{c(t)}=0$；$c(t)=1$ 时 $\phi_{c(t)}=\pi$。实际中扩频码通常采用双极性表示，即 $c(t)=\{-1,1\}$，因此 BPSK 扩频调制信号如公式 (3.12) 所示：

$$s(t)=c(t)\cos[\omega_0 t+\phi] \tag{3.12}$$

设信息码为 $d(t)$，则采用 BPSK 调制的 DSSS 通信信号如公式 (3.13) 所示：

$$s(t)=d(t)c(t)\cos[\omega_0 t+\phi] \tag{3.13}$$

采用 BPSK 调制的 DSSS 通信系统的原理如图 3.7 所示。

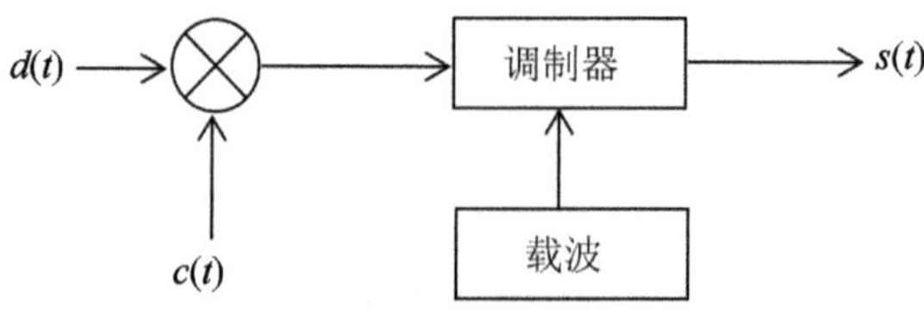

图 3.7　BPSK 扩频调制原理

若将 BPSK 改为 QPSK，则 DSSS 信号表如式 (3.14) 所示：

$$s(t)=c_1(t)d_1(t)\cos[\omega_0 t+\theta]+c_2(t)d_2(t)\sin[\omega_0 t+\theta] \tag{3.14}$$

其中：θ 表示相位；$c_1(t)$、$c_2(t)$ 分别表示相互独立的正交扩频码，取值为 $\{\pm1\}$，

$c_1(t)$、$c_2(t)$ 的码元宽度相同，时间同步。QPSK-DSSS 的调制原理如图 3.8 所示。

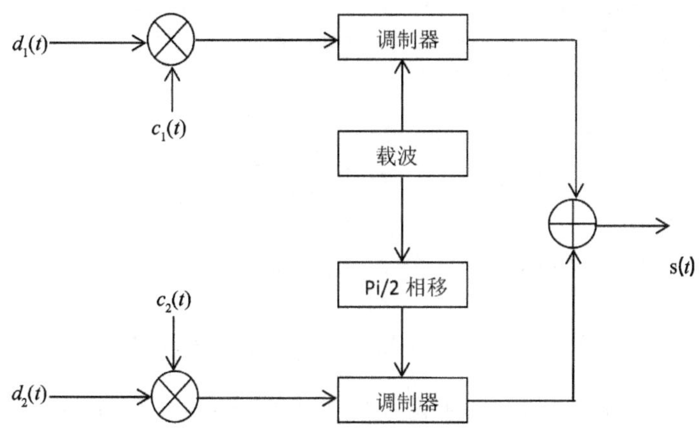

图 3.8　QPSK-DSSS 的调制原理

3.4　载波数字调制仿真

3.4.1　仿真参数设置

本节利用 MATLAB 软件的模块化平台 SIMULINK 进行仿真。操作时，在 MATLAB 命令窗口输入 Simulink，打开 Simulink Library Browser，在图 3.9 所示的位置输入所需模块的关键字，调入 PN Sequence Generator 模块。模块的输入只需部分关键词即可，如输入 PN 即可调入 PN Sequence Generator 模块，此时 Simulink Library Browser 会自行搜索和显示包含字母 PN 的所有模块，以供选择和调入。

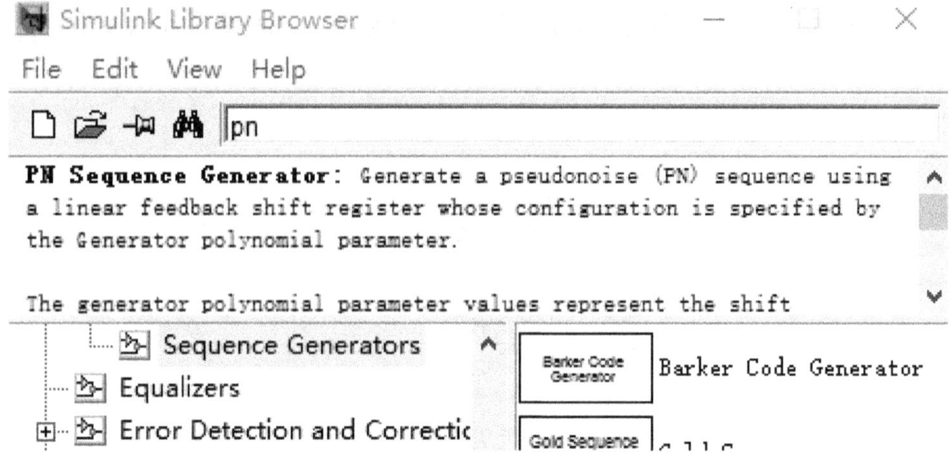

图 3.9 Simulink Library Browser 检索栏

应用上述方法依次调入 PN 码发生器（PN Sequence Generator），极性转换器（Unipolar to Bipolar Convertor），乘法器（Product），采样模块（Zero-Order Hold），示波器（Scope），频谱示波器（Spectrum Scope）和正弦信源（Sine Wave）等模块。各模块的功能和参数设置如下。

1. PN 码发生器

用于生成 {0，1} 扩频码，通过双极性转换器转换为 {-1，1} 序列，然后通过乘法器进行扩频，参数设置解释如下（见图 3.10）。

（1）Generator polynomial 是 m 序列的反馈线设置，本仿真设置为 100011101。

（2）Initial states 是初始状态，可自行设定，但禁止设定全“0”状态。

（3）Mask 是偏移覆盖矢量，将生成的 PN 码进行平移，本仿真设置为默认值 0。

（4）Sample time 是采样时间，即 PN 码速率。

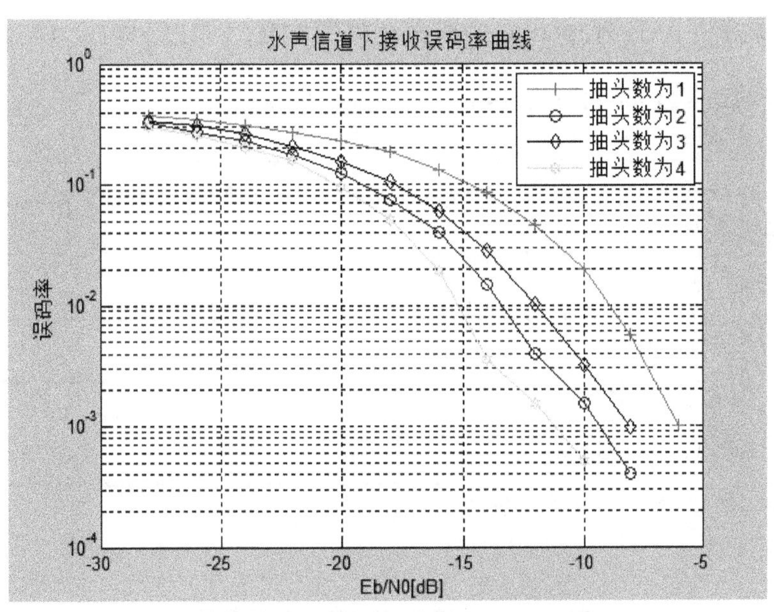

图 3.10　PN 码发生器的参数设计

2. 极性转换器

M-ary Number 是转换极性设置，如果设置为 1，则输出信号为 {0，1}，如果设置成 2，则输出为 {−1，1}，如果设置为 3，则输出为 {−1，0，1} 等，本仿真选择 M-ary Number 为 2，其余参数保持默认值，如图 3.11 所示。

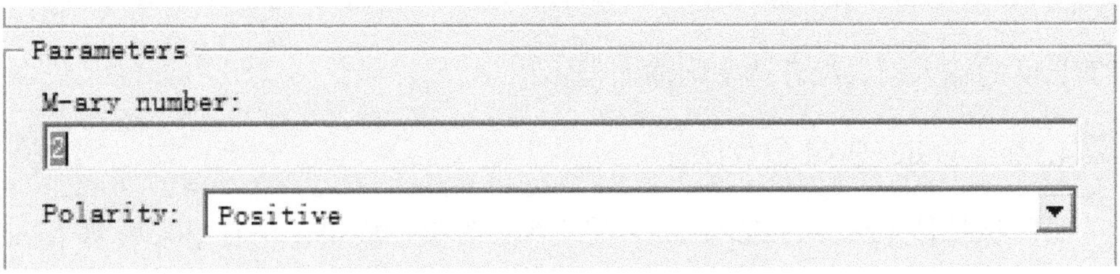

Parameters

M-ary number:

2

Polarity: Positive

图 3.11　极性转换器的参数设置

3. 频谱示波器

参数设置分为四部分，如图 3.12 所示。第一部分为示波器属性（Scope Properties），主要负责示波器输入特性的设置；第二部分为显示特性（Display Properties），主要负责显示界面的设置；第三部分为坐标轴属性（Axis Properties)，本仿真将 Axis Properties 中横坐标范围从 $[0, f_s/2]$ 变为 $[-f_s/2, f_s/2]$；第四部分是线属性（Line Properties）设置，选择默认值。

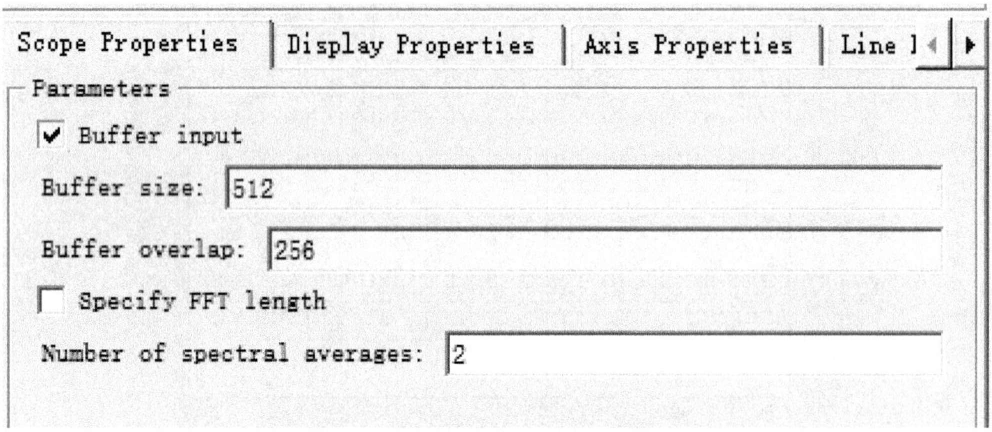

Scope Properties | Display Properties | Axis Properties | Line]

Parameters

☑ Buffer input

Buffer size: 512

Buffer overlap: 256

☐ Specify FFT length

Number of spectral averages: 2

图 3.12　频谱示波器的参数设置图

关于示波器属性设置：第一个选择框是“Buffer input”，若选中则采样值会先形成一帧数据再进行 FFT 变换；如果没有选中，则需要在外部设置一个 Buffer input 模块，否则无法进行 FFT 变换，频谱示波器也不显示。Buffer size 表示数据帧的长度，要求涵盖一个 PN 码周期，此仿真设定帧长度为 512 bit。Specify FFT length 用来输入 FFT 变换的长度，如果选中此选项则会出现输入 FFT 长度的输入框，没有选中则输入框不出现。

4. Zero-Order Hold 参数设置

零阶保持器（Zero-Order Hold）模块为 0 阶保持模块，仿真中采用两个 Zero-Order Hold 模块，即 Zero-Order Hold 采样率为 $1/2.55e^6$，Zero-order Hold1 采样率为 $1/1e^5$（见图 3.13）。

图 3.13　零阶保持器参数设置

5. Sine Wave 模块

在 Simulink 模块组的 Sources 组，选择 Sine Wave 模块作为载波信号。由于载波信号的默认采样时间与信源模块的采样时间不同，所以需对 Sine Wave 模块的采样时间进行设定，如图 3.14 所示。Amplitude 为正弦波幅度，设定为 1，则正弦波幅度为 1V，Bias 为幅度偏移，如果为 0，则正弦波的幅度分布在 {1，-1} 之间，如果为 1，则正弦波的幅度分布在 [0，2] 之间。

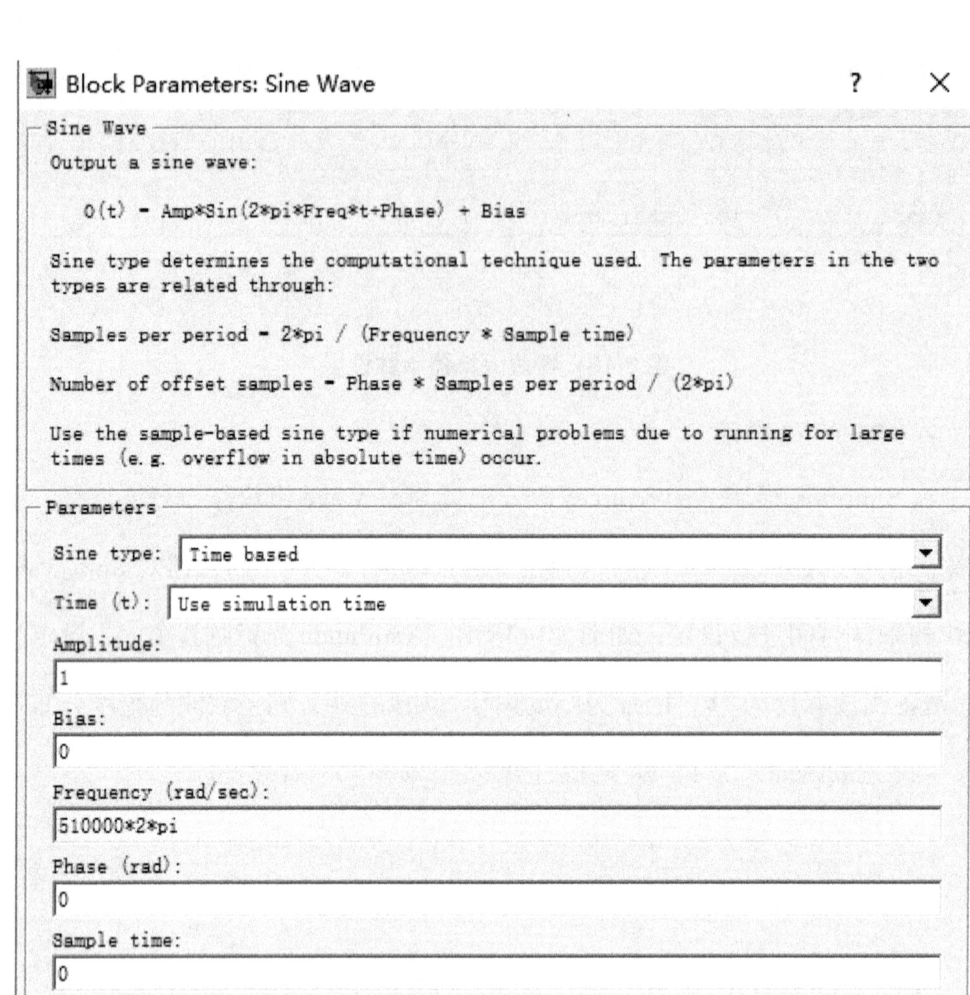

图 3.14　Sine Wave 模块参数设定界面

Frequency 为载波频率，设定为 510000 * 2pi，即频率为 510kHz。

Phase 为初始相位，如果设定为 pi，即正弦波的初始相位为 π。

Sample time 为采样时间。

3.4.2　仿真模型

按照上面设置的模块参数，搭建仿真模型（见图 3.15），其中 From File

为原始信号输入，To File 为已调制信号输出。图中 Zero-Order Hold1 模块的采样率为 1/1e5，Zero-Order Hold2 的采样率为 1/2.55e6，模块 Zero-Order Hold3~Zero-Order Hold6 的采样率均为 1/5.1e6。

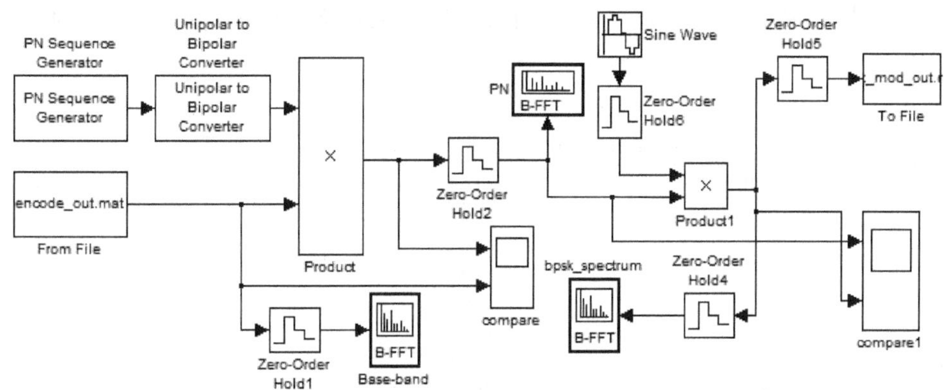

图 3.15　扩频调制仿真模型

3.4.3　仿真分析

仿真结束后，双击名为“compare”的示波器模块，可观察输入信号和输出信号波形，如图 3.16 所示，图中下半部分为输入信号波形，上半部分为载波调制输出信号波形。

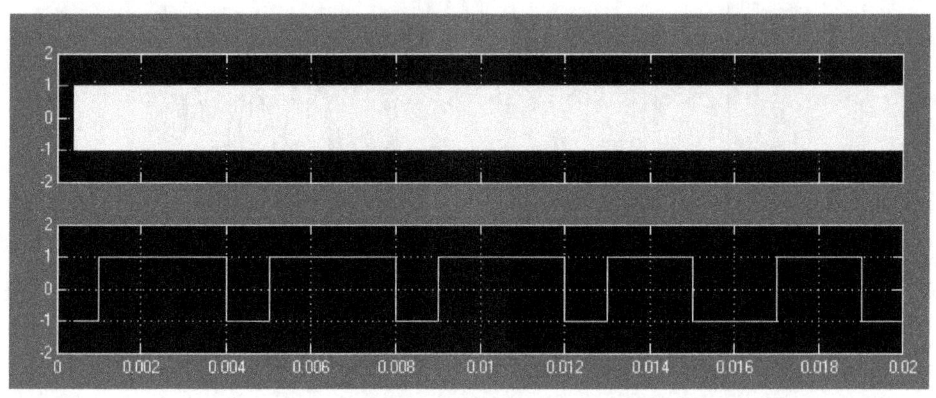

图 3.16　输入、输出信号波形的对比

仿真结束后，频谱示波器“Base-band”显示扩频调制前的信号频谱，如图3.17所示。频谱示波器“PN”显示扩频调制后的频谱，如图3.18所示。从图3.17可以看出，扩频调制前信号频宽为1kHz左右；从图3.18可以看出，扩频调制后信号频宽为255 kHz左右，频宽扩展了大概255倍，即扩频增益约等于255。

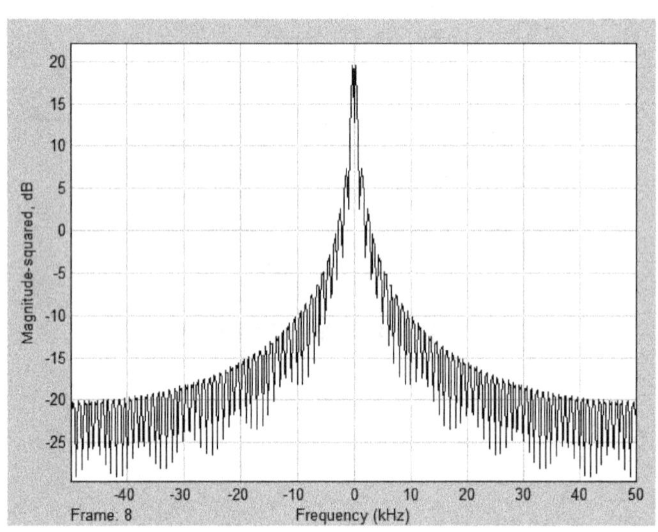

图3.17　扩频调制前的信号频谱图

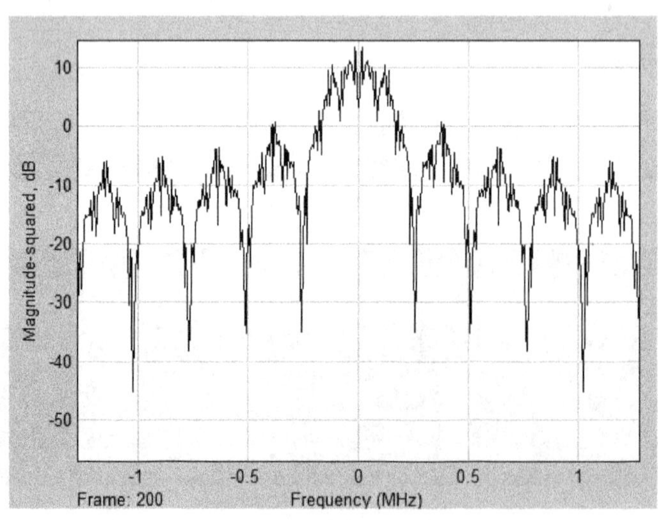

图3.18　扩频调制后的信号(序列)频谱图

双击模块名为“compare1”的示波器，即可观察到载波调制的输入信号和输出信号的波形，如图 3.19 所示。图中上半部分为输入信号波形，下半部分为载波调制输出信号波形。

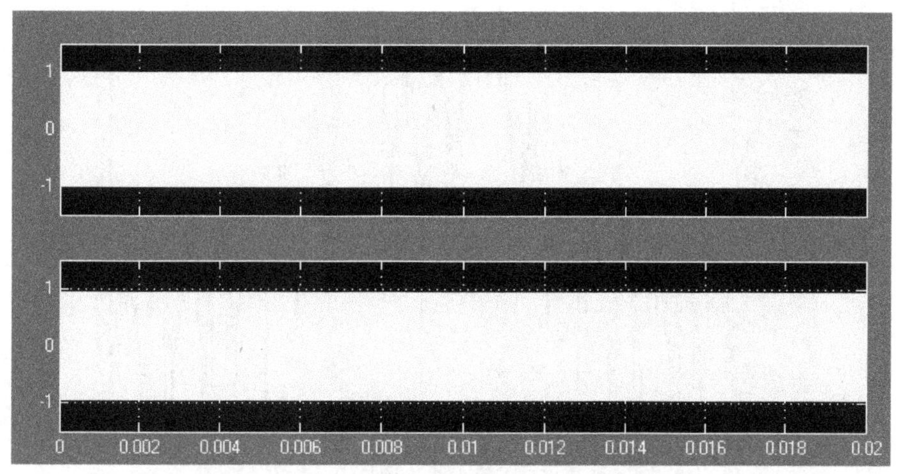

图 3.19　输入、输出信号波形对比

为了便于观察信号的时域波形，我们对图 3.19 进行缩放。具体操作时可直接在图形上右击并选择“Autoecale”，或者单击 X 轴缩放图标进行拖动，以实现 X 轴方向缩放。同理，单击 Y 轴缩放图标并拖动，可以实现 Y 轴方向缩放。图 3.20 为放大后的时域波形图，从图中能够观察到信号波形的细节变化。

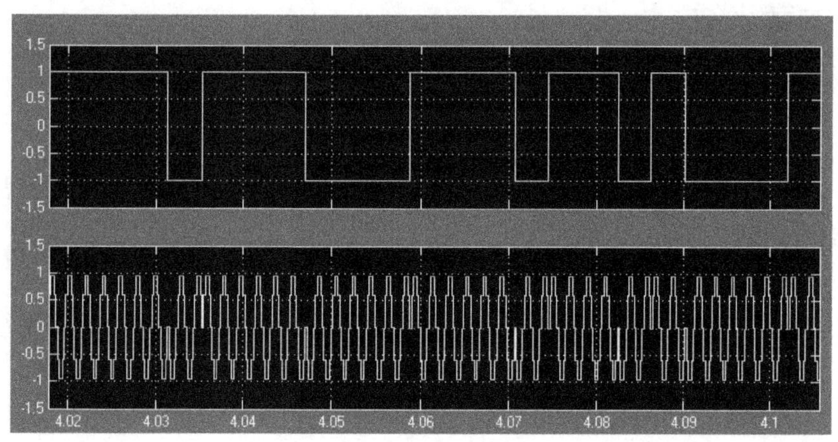

图 3.20　缩放后的信号波形

从图 3.20 可以看出，载波信号有明显的相位翻转，即为 BPSK 调制的含义。频谱示波器“bpsk _ spectrum”显示载波调制后的频谱图，如图 3.21 所示。

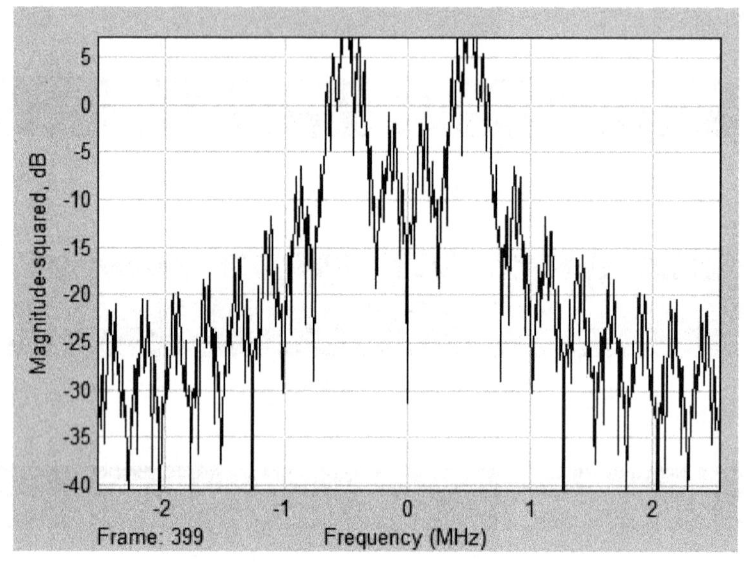

图 3.21　BPSK 调制后的频谱图

对比图 3.18 和图 3.21 可以看出，经过 BPSR 调制后数字信号的频谱中心被搬移到了 510kHz，仿真结果与理论值吻合。

3.5　本章小结

本章首先介绍常见的载波模拟调制和载波数字调制的分类及实现方法。由于扩频通信属于数字通信，随后详细介绍载波数字调制的原理和实现方法，最后论述了采用 BPSK 调制的 DSSS 通信性能仿真，为第 5 章扩频通信系统仿真做好准备。

第 4 章
同步技术

同步技术是实现通信收发双方在时间上步调一致，进而保障通信质量的通信系统的核心技术之一，同步好坏直接决定通信成败。扩频同步技术，主要是指调制解调的载波同步技术、扩频解扩的码同步技术等。本章论述影响扩频同步的因素，介绍常见的串行同步、并行同步、匹配滤波器法同步的原理与方法，针对存在大幅度多普勒频移的移动通信环境，论述多普勒频移的估计方法，以及多普勒频移对 PN 码同步捕获的影响，最后进行基于快速傅里叶变换 FFT 的 PN 码同步仿真。

4.1　影响同步的因素

与普通数字通信系统的同步要求相比，扩频同步更困难更复杂。扩频同步不确定性的问题根源，与频率和时间均有关，主要有以下几方面：

(1) 频率源漂移影响扩频同步。扩频通信系统中，无时不在的晶振频率漂移，将使扩频码采样时钟的频率发生偏移，随着时间增加将导致扩频码的相位发生偏移，增加扩频的难度和工作量。

(2) 电波传播时延影响扩频同步。通信发送端和接收端的位置变化，将导致信号传输时间变化，到达接收端时信号相位发生变化。

(3) 多普勒频移影响扩频同步。通信发送端和接收端的相对位置改变，使两者之间存在相对速率，这将导致信号传播路程发生变化和频率偏移。

(4) 多径效应影响扩频同步。多径效应指信号经过不同路径（反射、折射、散射等）传播后，各分量到达接收端的时刻不同，相位也跟着不同，直接叠加将造成严重的信号失真。

4.2 扩频同步技术

扩频通信的同步技术，包括普通数字通信系统已经有的载波同步、符号同步、帧同步等，还包括独有的 PN 码（Pseudo-Noise Code）同步。

载波同步通常利用负反馈锁相环实现，可同时完成相位同步和频率同步。锁相环是利用鉴相器提取接收信号与本地载波的相位误差，然后利用窄带环路滤波器滤除宽带噪声，利用已滤除干扰的误差信号调整本地载波，对下一时刻的接收信号进行补偿，直至收敛。

PN 码同步分为捕获和跟踪两个阶段。捕获阶段称为粗同步，是通过调节通信接收端本地 PN 码的相位，将接收信号的 PN 码与本地 PN 码的相位偏差控制在半个码元之内。PN 码捕获一旦完成，即进入跟踪阶段。跟踪阶段又称为细同步，是通过不断补偿本地 PN 码的相位，使其跟随接收信号的 PN 码相位，将相位误差进一步减小，以获得更大的自相关峰值和处理增益。PN 码跟踪一般采用闭环锁相环，根据相位误差大小控制本地 PN 码的时钟相位。

4.3 PN 码捕获技术

扩频通信系统的 PN 码捕获主要有四种方法，即发射参考信号法、统一定

时法、突发同步法和 PN 码自同步法。发射参考信号法，是指接收端的 PN 码同步信号由发送端提供，优点是对接收端的要求低，缺点是抗干扰能力不强。统一定时法主要应用于卫星通信，它利用准确度极高的时钟，精确获取卫星轨道参数和传输延迟，在极短的搜索时间内捕获接收信号的 PN 码。突发同步法，是指发送端发送一个短促的低占空比的大功率脉冲信号，提醒接收端随后而来的是扩频信号的起始相位，从而实现快速同步。

上述三种 PN 码捕获方法在实际应用中都受到限制，不具有代表性。目前常用的 PN 码捕获方法是基于 PN 码的自相关特性的自同步法，它首先计算本地 PN 码相位与接收信号中 PN 码相位的自相关函数，将自相关值函数是否取最大值作为判断是否捕获到 PN 码的依据。

PN 码自同步捕获法的具体实现形式，主要包括串行搜索法、并行搜索法和匹配滤波器法。三种方法都是调整本地扩频码的相位，使其与接收信号中 PN 码具有最大自相关值，都是在缩短捕获时间的同时，尽量减少资源占用率，这是其相同点，不同点如表 4.1 所示。

表 4.1　PN 码自同步捕获法的比较

捕获方法	串行	并行	匹配滤波器
捕获速度	最慢	最快	较快
硬件与杂度	最低	最高	中等

4.3.1　串行捕获

串行捕获的基本结构如图 4.1 所示，把接收信号序列（含 PN 码）与本地 PN 码发生器产生的 PN 码在时间间隔 NT_c 内进行相关运算。当本地 PN 码与接收信号的 PN 码未同步时，相关器输出幅度很小的噪声；当两者的相位差小于一个码片时，相关器输出峰值。积分清洗器对包络检波器的输出进行积分，每隔 NT_c 采样一次，采样后将积分器清零。采样值与预设阈值进行比较，若采样值大于预设阈值，就认为已捕获到接收信号的 PN 码，则停止捕获，立即进入跟踪状态。否则，继续调整本地 PN 码的驱动时钟 (提前或退后一个相位)，重新进行捕获 (相当于接收 PN 码与本地 PN 码的相位滑动)。为防止噪声或干扰引起的假捕获，通常不是一次完成，而是需要连续观察几次，等到捕获积分清洗器的输出信号超过阈值次数达到规定值后，才认为捕获 PN 码获得成功。串行捕获的显著优点是电路结构简单，缺点是搜索时间太长，针对捕获时间要求较高的应用场合，串行捕获方法不能满足要求，此时需要探寻并行捕获方法。

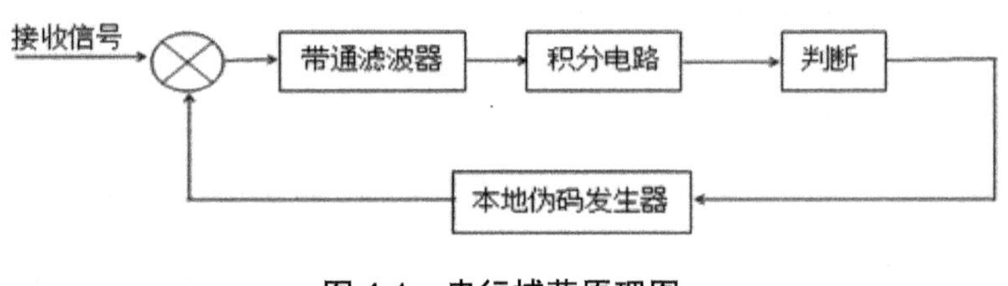

图 4.1　串行捕获原理图

4.3.2　并行捕获

并行捕获原理图如图 4.2 所示，需要 N 个相关器，每个相关器的本地伪码相差一个码片时间。接收信号在不同的通路与所有可能的 PN 码相位同时进行相关运算，然后对所有的运算支路和相关值进行比较，相关值最大的一路 PN 码相位被判断为接收 PN 码的初始相位。并行捕获的优点是捕获时间短，缺点是电路结构比较复杂，也不是最理想的捕获方法。

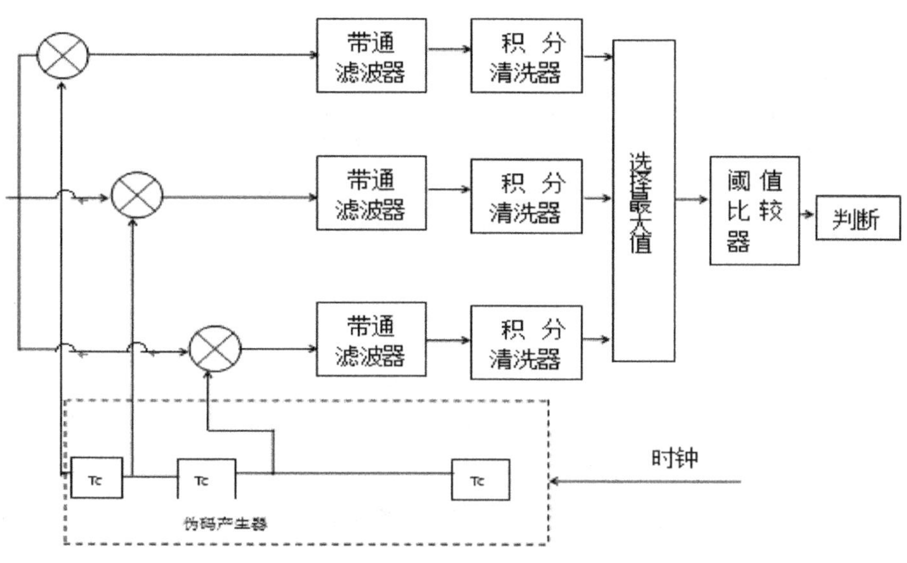

图 4.2　并行捕获原理图

4.3.3　匹配滤波器捕获

匹配滤波器捕获法是利用匹配滤波对整个扩频码进行匹配，其最大优点是速度快，可用表面声波（SAW）延时线滤波器和数字匹配滤波器来实现。由于数字匹配滤波器具有编程灵活等优点，判断接收 PN 码与本地 PN 码是否同相，理想情况下仅仅需要一个 Chip 时间，所以捕获 PN 码所需时间最长为一个扩频码周期。

数字匹配滤波器由延迟单元、乘法器和累加器三部分硬件组成，如图 4.3 所示。抽头系数 $h(n)$ 为 PN 码，输入基带扩频信号通过采样以 2 倍码片速率输入到移位寄存器，移位寄存器的各级延迟信号与本地 PN 码对应相乘，再把相乘后的结果累计相加，就得到相关运算结果。

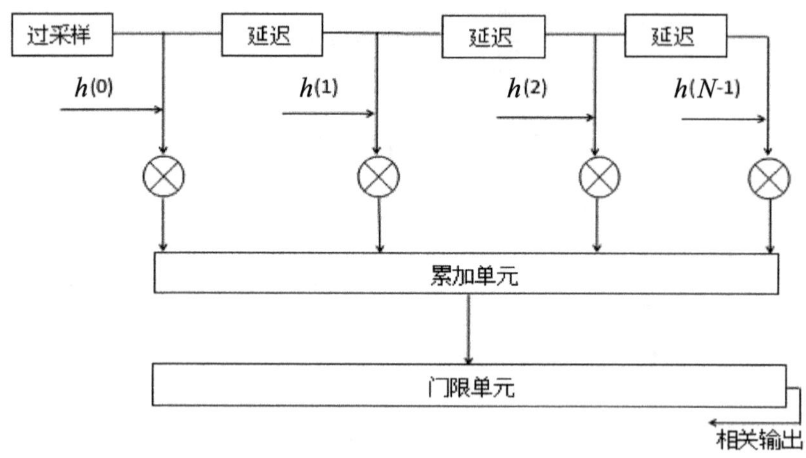

图 4.3　数字匹配滤波器

同步捕获过程中，本地 PN 码不变，接收信号与本地 PN 码连续进行相关运算，运算结果与阈值值比较，从而判断是否达到同步捕获状态。相关运算相当于接收信号滑过本地 PN 码序列，每一时刻都产生相关结果，当滑动到两个 PN 码序列相位对齐时，必有相关运算峰值输出，整个同步时间就是 PN 码序列的码长时间。

4.4　PN 码跟踪技术

PN 码同步跟踪，要求接收机本地 PN 码相位一直随接收信号中 PN 码相位的变化而变化，主要有两种实现方法：一是延迟锁相环跟踪法，另一种是 r- 抖动环跟踪法。根据锁相环理论，要使相位锁定，必须能够检测误差和纠正误差。所以要实现 PN 码跟踪，关键要正确检测两个序列的相位误差，再利用反映相位误差的信号去调节本地 PN 码的相位，达到同步跟踪之目的。

延迟锁相跟踪环的基本结构如图 4.4 所示。它将接收的扩频信号分别与超

前 1/2 码片和滞后 1/2 码片的两路本地 PN 码进行迟、早相关，经低通滤波后再相减，输出的信号差就是环路误差信号。该信号经环路滤波器后，形成本地时钟的控制信号，使本地 PN 码的相位与接收信号的 PN 码相位一致。图 4.4 中低通滤波器的输出是自相关函数 $R_1(t)$ 和 R_2（t），两个相关器的输出相减产生误差控制信号 $E(\varepsilon)$。PN GEN 是 PN 码发生器，PN+，PN– 分别表示超前和滞后 1/2 码片的 PN 码。

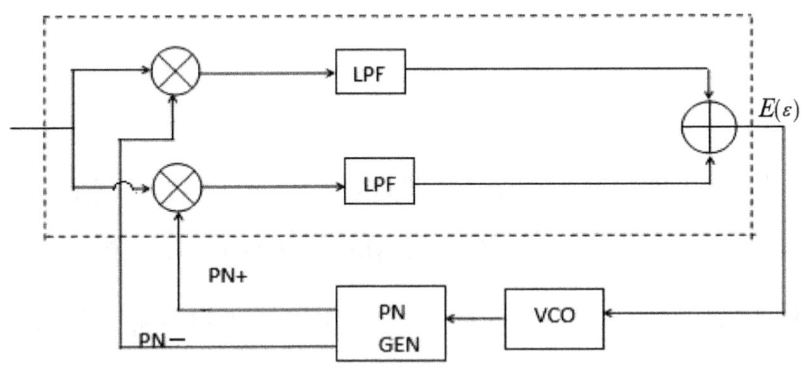

图 4.4　非相干跟踪 – 超前滞后跟踪环原理图

仿真中选择超前和滞后的码片均为 1/2 码片，尔后对两者进行相关累加，再将计算得到的能量差反馈给控制 PN 码的 VCO。VCO 调节 PN 码的时钟，当 PN 码发生器落后于输入序列相位时促使时钟变快，超前于输入序列相位时促使时钟变慢。

4.5　多普勒频移

4.5.1　多普勒频移的产生原理

多普勒频移又称多普勒效应 (Doppler Effect)，此命名是为了纪念奥地利物理学家和数学家克里斯琴·约翰·多普勒，1842年首次被提出。根据多普勒频移，物体辐射的波长因光源和观测者的相对运动而变化，在波源移向观察者时接收频率变高，而在波源远离观察者时接收频率变低，当观察者移向波源产生相对运动时能够得到类似的结论。波源速度越高，多普勒效应越大。所有波动现象（包括光波）都存在多普勒效应，多普勒效应微弱时可以忽视，但是扩频通信中多普勒效应严重影响同步效果，不能忽略不计。多普勒效应的定量表示如公式（4.1）所示：

$$f_d(t)=\frac{v^{\times}f_c}{c}\cos\theta(t) \tag{4.1}$$

其中，c——光速；v——通信个体的运动速度；θ（t）——通信个体偏离通信站连线的夹角；f_d（t）——多普勒频移，移动终端的接收信号频率为f_c+f_d（t）。假设载波频率为1GHz，θ（t）= 60°，飞行速度为7.9 km/s，则载波频偏为13kHz。通常飞行器速度在1km/s以下，载波的多普勒频移估计值范围为0~1.7kHz。

4.5.2 多普勒频移对PN码同步的影响

在扩频通信中，PN码是否同步主要通过相关峰是否出现来判别。在高动态环境下，多普勒频移对相关峰的幅度产生巨大影响，需要进行补偿。为了理解多普勒频移对同步相关器输出的具体影响，我们考察多普勒频移的匹配滤波器的响应。归一化的频率响应是多普勒频移f_d的函数如公式（4.2）所示：

$$G_{MF}(f_d)=\frac{1}{M}\left|\frac{\sin(\pi f_d T_c M)}{\sin(\pi f_d T)}\right| \tag{4.2}$$

其中，T_c——PN码码片时间；M——PN码长度。当多普勒频移为10 kHz时，

相关器输出能够降为 0，此时不可能完成同步捕获，必须对多普勒频移进行补偿。

4.5.3 多普勒频移估计与补偿

最早将多普勒频移估计引入扩频通信的是 Ronald A.Iltis 和 Alfred W. Fuxjaeger，他们讨论了联合信道含有多普勒频移情况下 PN 码的延迟和捕获，提出常规捕获方法在多普勒频移较大时影响很大，难以实现捕获。1996 年，R. A. Stirling-Gallacher, A. P. Hulbert, G. J. R. Povey 等提出联合估计的概念，第一次将多普勒频移估计和 PN 码同步结合起来，并且对多普勒频移所造成的同步影响进行了分析。2000 年，Sascha M. Spangenberg 对该方法进行改进，讨论了 PN 码加零和加窗对同步效果的影响。

基于 FFT 的多普勒频移估计算法，能够实现相位和多普勒频率的同时搜索，将二维搜索变为一维搜索，可以在保证精度和速度的前提下，完成多普勒频移估计，为频移的有效补偿奠定了基础。基于 FFT 的多普勒频移补偿原理如图 4.5 所示。

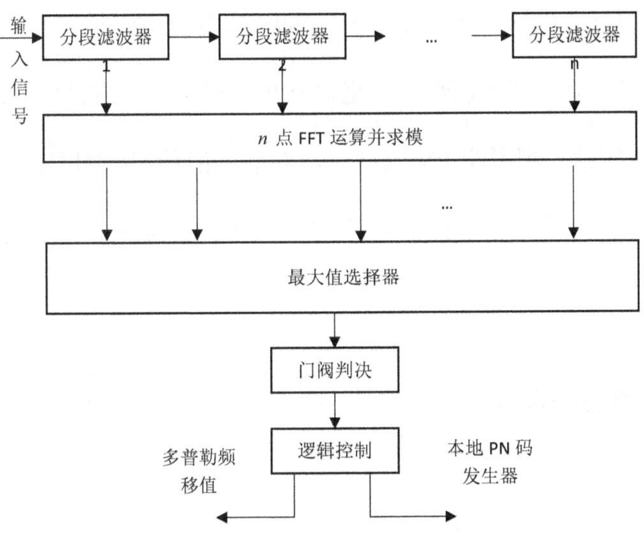

图 4.5　基于 FFT 的多普勒频移估计算法

图 4.5 的相关器由 m 个分段子相关器组成，每个子相关器的相关时间为 T/m。也就是说，第一个子相关器的积分时间为 $0-T_1$，第二个积分时间为 T_1-T_2，以此类推，第 m 个子相关器的相关时间为 $T_{m-1}-T_m$。把 m 个子相关器的输出作 N 点 FFT 变换〔$N \geqslant m$〕，然后在 FFT 的 N 个输出端选择输出幅值最大的峰值作为相关器的输出，即起到用 FFT 实现接收信号的多普勒频移估计公式（4.3）。

$$s_i = PN(t)\cos[(\omega_0 + \omega_t)t + \phi_0] \tag{4.3}$$

则本地参考信号如公式 (4.4) 和 (4.5) 所示：

$$I_{参考} = PN(t)\cos(\omega_0 t) \tag{4.4}$$

$$Q_{参考} = PN(t)\cos(\omega_0 t) \tag{4.5}$$

N 点 FFT 输出如公式 (4.6) 所示：

$$|P(k)| = \frac{1}{M}\left|\frac{\sin(\omega_d \frac{M}{m})}{\sin(\omega_d)} \frac{\sin(\omega_d M - \pi \frac{m}{N} k)}{\sin(\omega_d \frac{M}{m} - \pi \frac{k}{N})}\right| \tag{4.6}$$

式 (4.6) 中，$\omega_d = \pi f_d T_c$; $k = 0, 1, 2, 3,\cdots, N\text{-}1$; M 为 PN 码长度。

SINθ° 如何最大，设定阈值，使 k 个 FFT 输出值与阈值比较，如果第 k 个 FFT 输出值超出阈值，则说明 PN 码已初步对准。记录超出阈值值出现的位置，即可对多普勒频移进行估计，即 $f_d = k/(NXT_c)$。式中，X 为每个子相关器的积分长度。

4.6 PN 码同步仿真

本节研究 DSSS 通信系统的 PN 码同步，应用 MATLAB 软件的 SIMULINK

平台进行仿真。pn_dopple.mdl 是仿真模块名，仿真结果保存为 pn_dopple_despreading_out.mat 和 pn_dopple_estimation_out.mat，作为后续载波同步仿真的输入。仿真参数设置为：码长 255 bit; PN 码速率 255 kb/s; 信息码速率 1 kb/s; 通知载波频率 510 kHz，解调载波频率 500 kHz，即考虑 10 kHz 的多普勒频移; 匹配滤波器长度 255 bit。

4.6.1　仿真模型

PN 同步仿真的模块组成及内部结构分别如图 4.6 和图 4.7 所示。

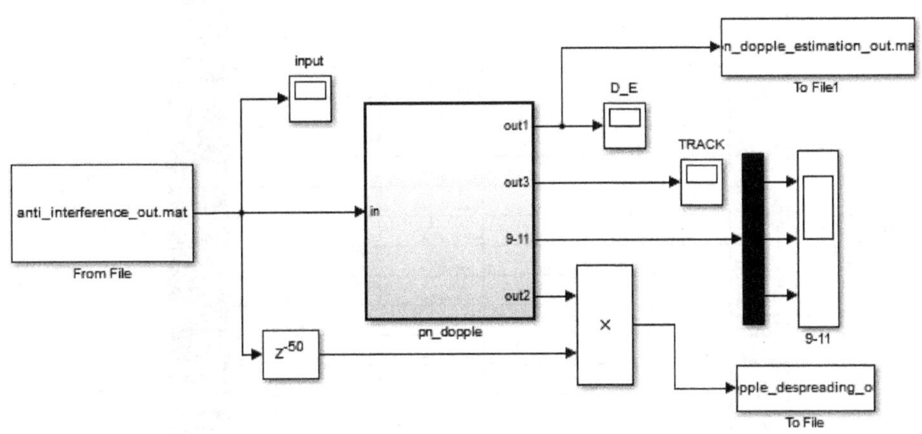

图 4.6　PN 码同步仿真的模块组成

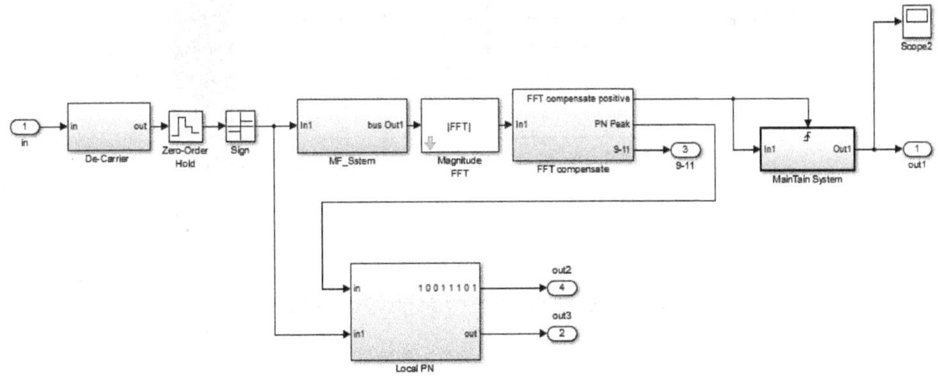

图 4.7　PN 码同步仿真的内部结构

4.6.2 PN 码同步捕获仿真

PN 码同步捕获，选用数字匹配滤波器法，由一系列抽头延时相关模块组成，如图 4.8 所示。匹配滤波器的内部结构如图 4.9 所示。

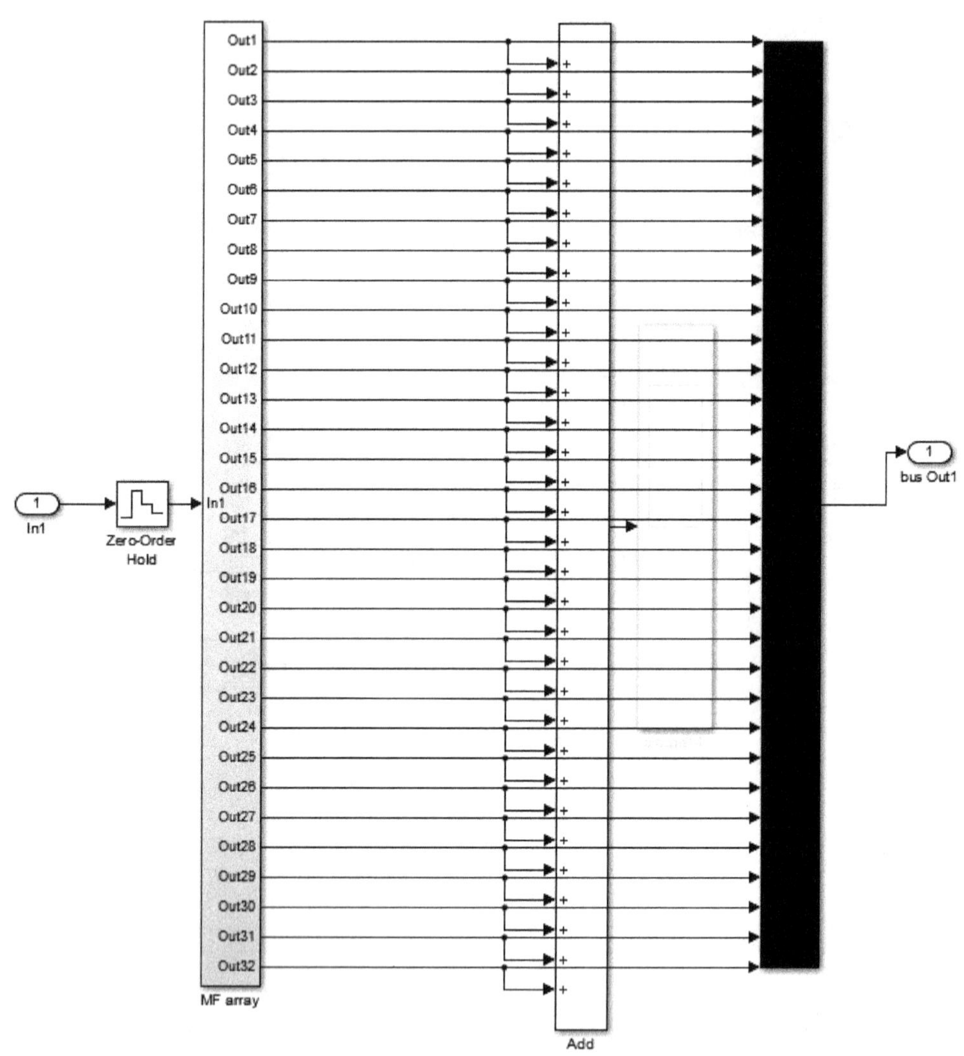

图 4.8　数字匹配滤波器的模块组成

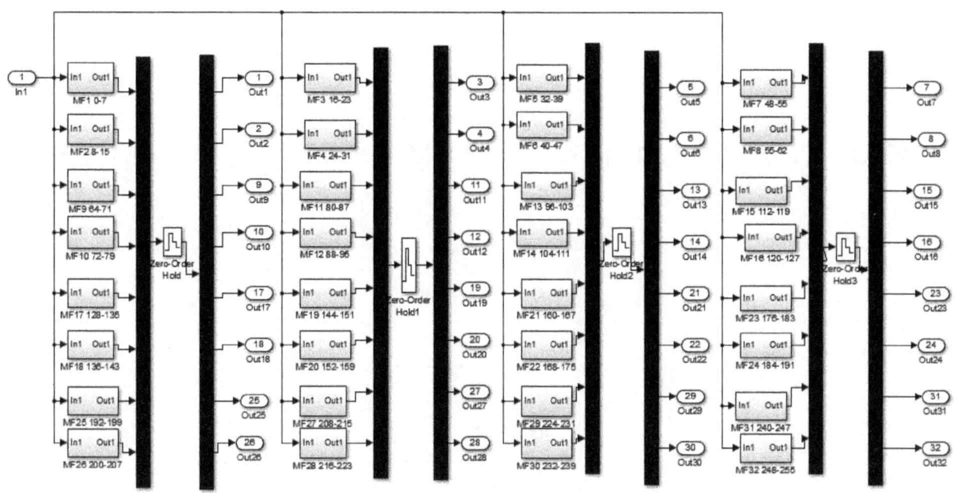

图 4.9　匹配滤波器的内部结构

在图 4.9 中，延时模块和乘法器模块一一对应，组成相关模块，156 bit PN 码有 15 个延时相关模块。1 和 -1 的选择需要提前按照 PN 码的码序设定。仿真所用匹配滤波器的延时模块总数为 255 个，此图只截取了部分。

4.6.3　PN 码同步跟踪仿真

PN 码同步捕获完成后，接收信号的 PN 码和本地 PN 码没有完全对齐，还需要进行跟踪，跟踪模块如图 4.10 所示。超前滞后跟踪环应用广泛，而且抗干扰和抗噪声能力强，因此本仿真采用超前滞后跟踪环作为例子。

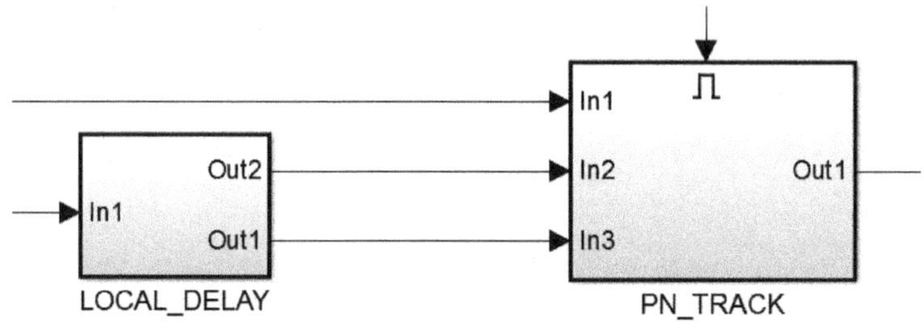

图 4.10　超前滞后跟踪仿真模块

图 4.10 中，PN_ TRACK 为超前滞后跟踪模块，负责提供超前滞后两组本地 PN 码。

LOCAL_PN 是本地 PN 码信号，PN_TRACK 的内部结构如图 4.11 所示。

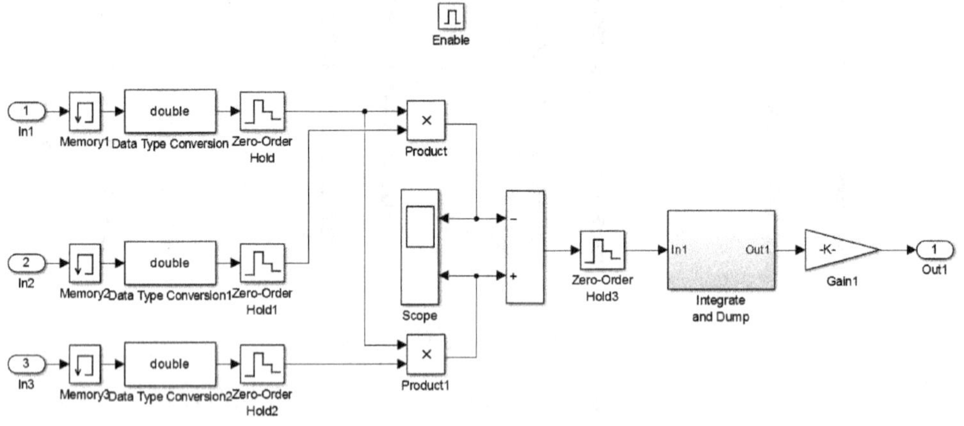

图 4.11　PN_TRACK 的内部结构

跟踪模块引入的新模块主要有数据类型转换模块，如图 4.12 所示，参数设置如图 4.13 所示。

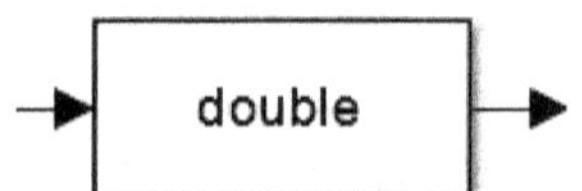

图 4.12　数据类型转换模块

Function Block Parameters: Data Type Conversion
Data Type Conversion
Convert the input to the data type and scaling of the output.

The conversion has two possible goals. One goal is to have the Real World Values of the input and the output be equal. The other goal is to have the Stored Integer Values of the input and the output be equal. Overflows and quantization errors can prevent the goal from being fully achieved.

Parameters
Output minimum: []
Output maximum: []
Output data type: double >>
Lock output data type setting against changes by the fixed-point tools
Input and output to have equal: Real World Value (RWV)
Integer rounding mode: Floor
Saturate on integer overflow
Sample time (-1 for inherited):
-1
OK Cancel Help Apply

图 4.13 数据类型转换模块的参数设置

数据类型转换模块的主要参数：

Output minimum——设定输出信号的最小值。

Output maximum——设定输出信号的最大值。

Output data type——设定输出信号的数据类型，可供选择的类型如图 4.14 所示。数据类型可参看 Matlab 帮助文件，通常采用双精度 double 类型。为了保持输入输出数值相同，通常采用默认值。

Integrate and Dump——累加积分模块，如图 4.15 所示，参数设置如图 4.16 所示。

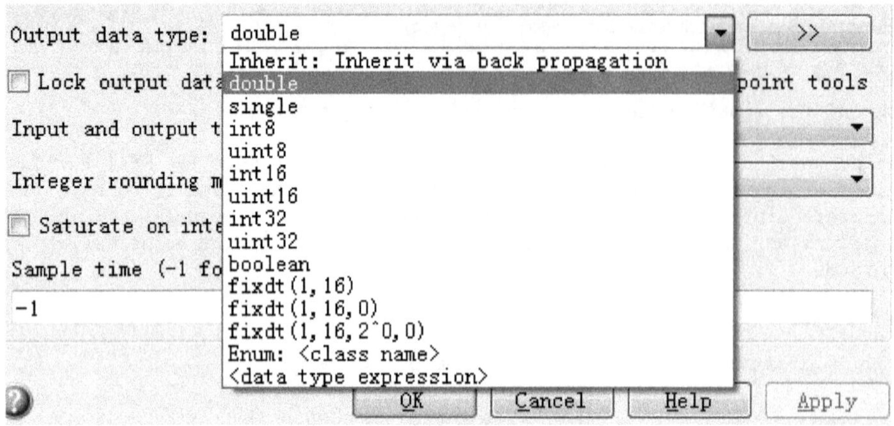

图 4.14 数据类型选择模块

图 4.15 累加积分模块

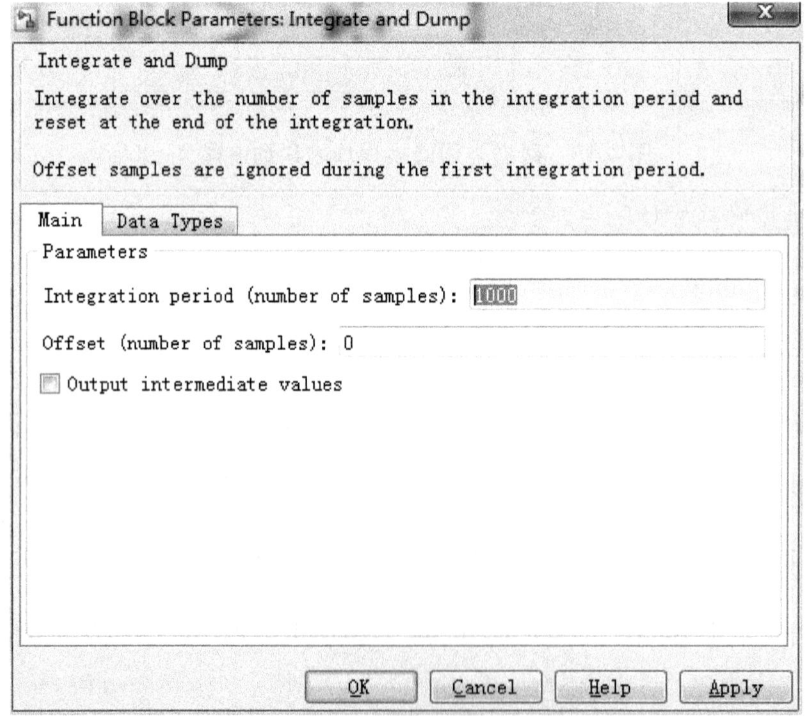

图 4.16 累加积分模块的参数设置

图4.16中Integration period（number of samples）是累加积分长度，可以和模块前端的采样模块一起设置。例如，采样率为1/10，积分长度为100。当采样率升高到1/100时，积分长度可以设置为1000。典型设置为1500，采样率为1/150。Offset (number of samples)是需要翻转的采样数目，本仿真采用默认值。

4.6.4　PN码多普勒频移补偿仿真

多普勒频移估计是补偿的基础，频移估计模块如图4.17所示。本地参考载波和发送端载波的频率相差100 kHz，两者进行BPSK解调后送入分段匹配滤波器MF-System，分段处理后进行FFT变换，得到频率估计值送入MainTain System进行保持并实时更新。

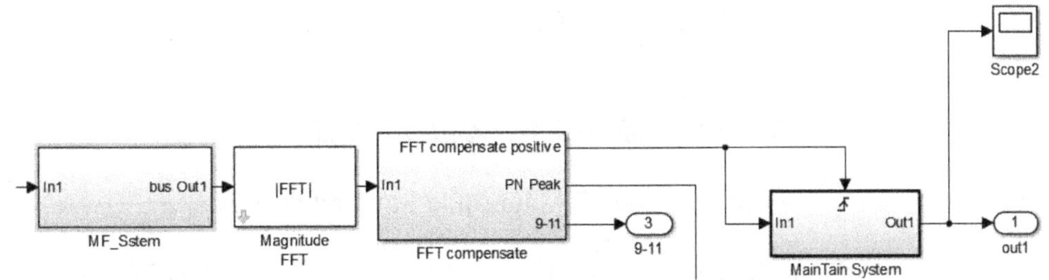

图4.17　基于FFT的快速多普勒频移补偿方案

本仿真引入的新模块主要有幅度FFT变换模块Magnitude FFT、FFT频移补偿模块FFT_ Compensate。幅度FFT变换模块如图4.18所示，该模块的参数设置界面如图4.19所示。

图4.18　幅度FFT变换模块

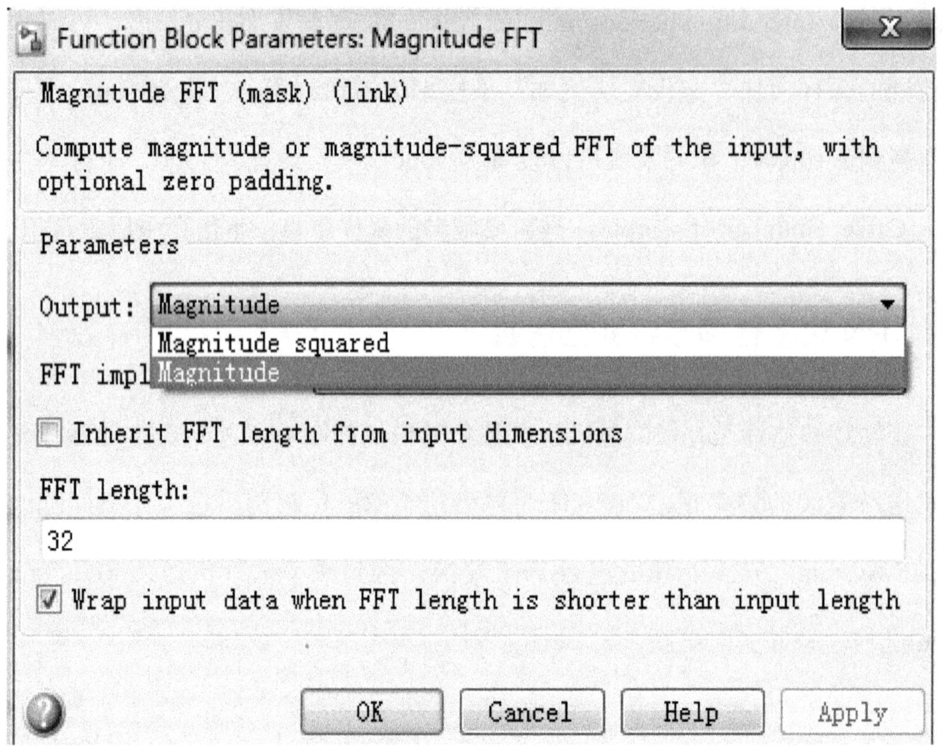

图 4.19　幅度 FFT 变换参数设计界面

图 4.19 中 Output 有 Magnitude 和 Magnitude Squared 两种选择。

FFT length 由于前端 MF_ System 输出长度为 32 的矢量，所以应设置为 32。

FFT_Compensate 模块如图 4.20 所示。FFT 估计值经过分解后会得到 32 路不同的数值，需要选择前 16 路的输出，用来估计多普勒频移值。加权模块为 add_G，内部 Subsystem 的结构如图 4.21 所示。

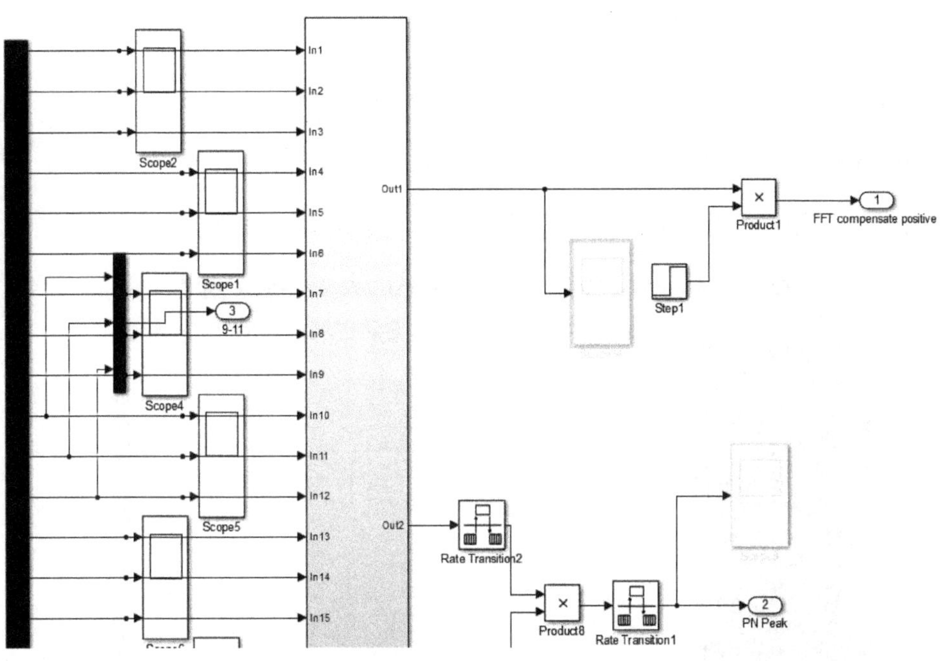

图 4.20　FFT 补偿模块内部结构图

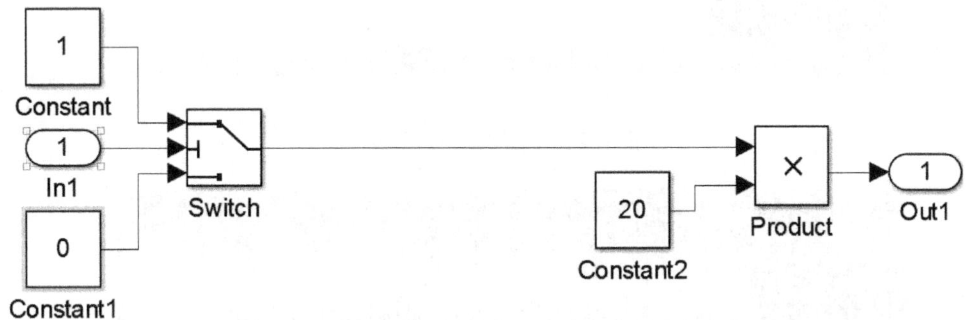

图 4.21　加权模块组成框图

4.6.5　仿真分析

建立并运行模块 pn_dopple. Mdl，仿真结束后双击模块名为“input”的示波器，即可观察输入信号波形，如图 4.22 所示。由于分段匹配滤波器的输出路数太多，为便于显示，可以选择观察 9~11 路输出。双击模块名为“9-11”的示波器，即可观察到 PN 码的相关峰，如图 4.23 所示。双击模块名为“TRACK”

的示波器，可以观察到跟踪波形图，如图 4.24 所示。为了更好地观察信号波形，可以对图 4.22、图 4.23 和图 4.24 适当缩放。直接在图形上单击鼠标右键并选择“Autoscale”，在波形图上拖拽即可实现缩放。图 4.25、图 4.26 和图 4.27 为放大后的波形图，由此可观察信号波形的细微特征。

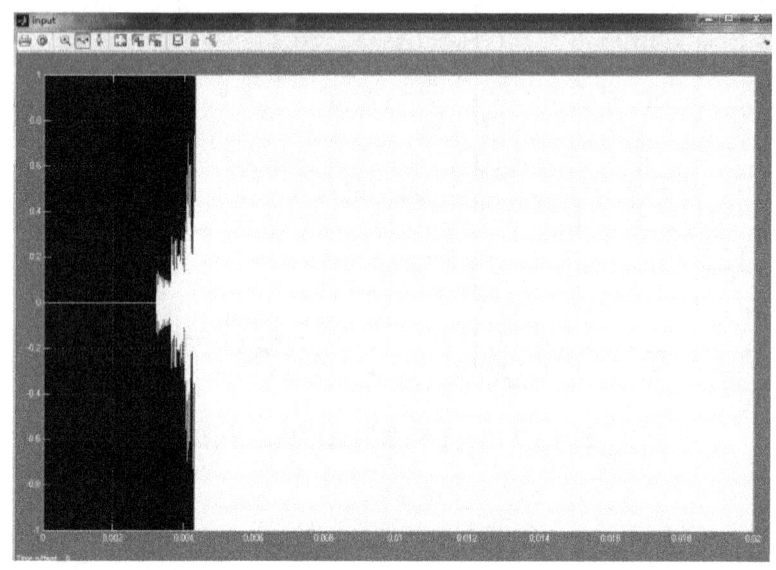

图 4.22　输入信号波形

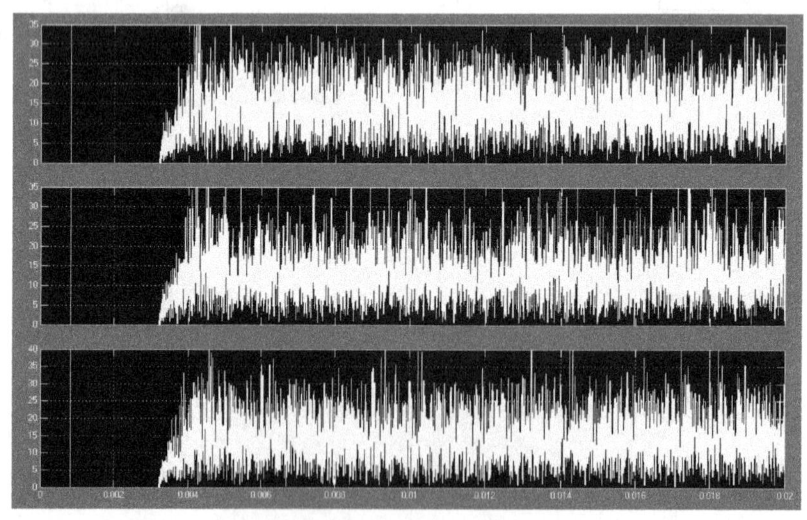

图 4.23　PN 码的相关峰

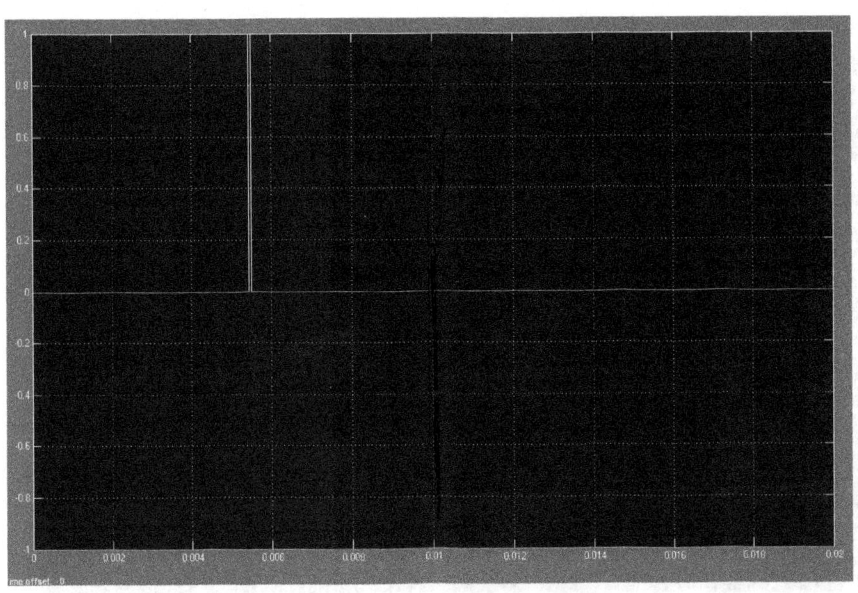

图 4.24　跟踪波形图

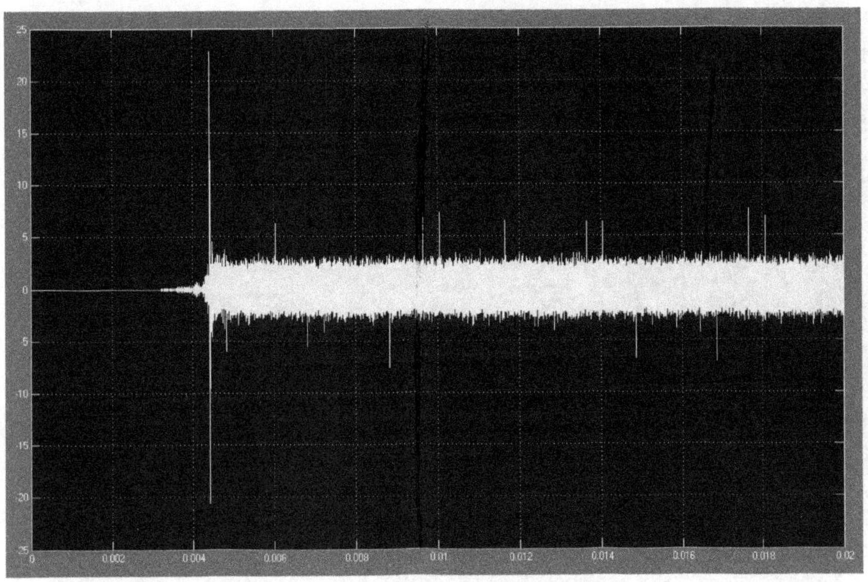

图 4.25　经过缩放的输入信号波形

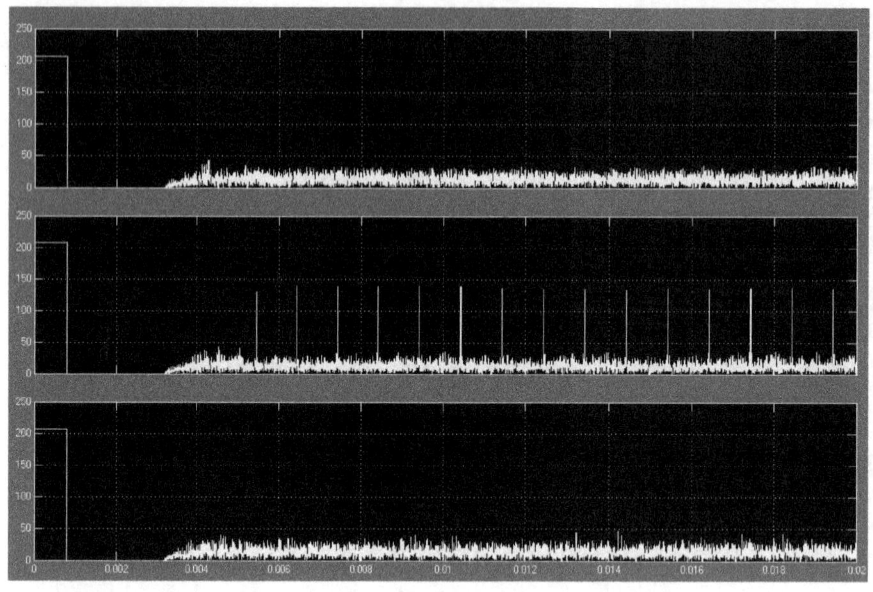

图 4.26　经过缩放的 PN 码相关峰波形

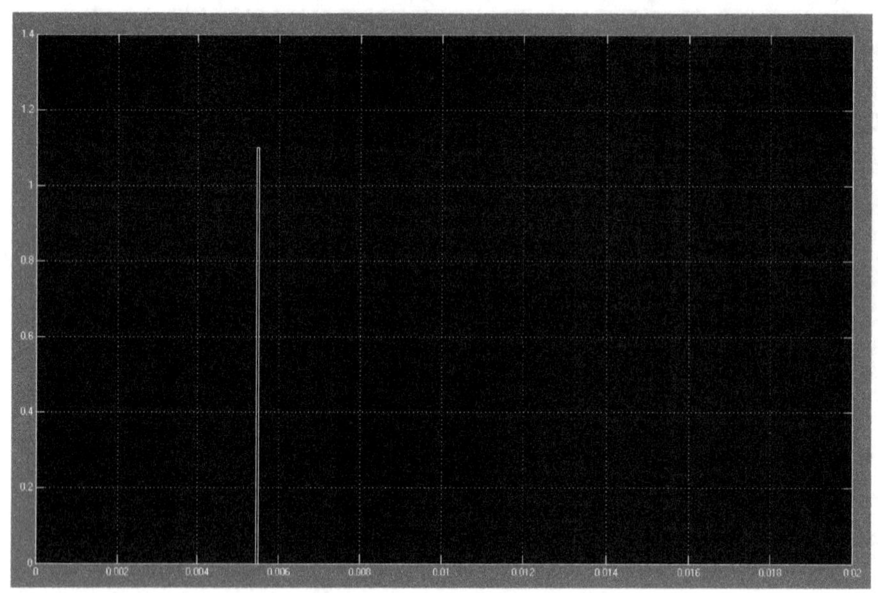

图 4.27　经过缩放的 PN 码跟踪波形图

根据图 4.26，中间一路信号在 0.005 s 附近出现尖锐的相关峰。去掉系统本身的时延，能够在两个码片周期内得到明显的相关峰，表示已完成 PN 码同步。从图 4.27 中可以看出，得到了一个明显的脉冲，其可以用来调整本地 PN

码发生器完成同步跟踪。双击模块中名为“D_E”的示波器，可以观察多普勒频移的估计值，如图 4.28 所示。

图 4.28　多普勒频移估计值

根据图 4.28，多普勒频移估计值为 100。由于本地参考 VCO 的频率电压比为 100，所以本例的频移估计值为 100 × 100=10 kHz，与事先设定的 10kHz 频率偏移值一致，所以通过仿真能够正确估计多普勒频移。

4.7　扩频通信的载波同步

在通信接收端，解扩之后即为载波解调。在用相关器解扩的系统中，解扩后信号恢复了扩频之前的形式，然后使用常规的载波解调方式就可恢复基带信息。解调之前必须提取与调制载波同频同相的相干载波，此过程即为载波同步，载波同步是通信功能得以实现的必要前提。载波同步应当具有比信息传输系统更高的可靠性，如载波同步误差小、载波相位抖动小、同步建立时间短、保持时间长等。常见的载波同步技术包括外同步法（插入导频法等）和自同步法，后者又细分为锁相环法、平方环法、Costas 环法、四相 Costas 环法等。

4.7.1 插入导频法

插入导频法有很多种实现方法，要求已调信号的频谱在导频位置分量为零，以便插入导频和提取导频。例如，以音频信号为例，对它进行抑制载波双边带调制（DSB--SC）后，已调信号的频谱在载频处频谱分量为零，这样就便于插入导频和解调时提取导频。插入导频不是相干载波，而是将载波移相 π/2 并衰减若干分贝（为了节省发射功率）而得到“正交载波”。插入导频的发送信号表达式如公式（4.7）所示：

$$s(t)=m(t)\cos\omega_c t-a\sin\omega_c t \tag{4.7}$$

其中，a 为插入导频的幅度。在接收端，用中心频率为 ω_c 的窄带滤波器（通常用锁相环来实现）将导频分离出来，经过 3π/2 移相便可得到相干载波，插入导频的原理如图 4.29 所示。插入导频法以及利用导频信号解调的原理图，分别如图 4.30 和图 4.31 所示。

插入导频的原理分析：理想信道情况下，接收信号为 $s(t)$，乘法器输出信号 $s_p(t)$ 如公式（4.8）所示：

$$s_p(t)=s(t)\cdot a\cos\omega_c t=\frac{1}{2}am(t)+\frac{1}{2}am(t)\cos 2\omega_c t-\frac{1}{2}a^2\sin 2\omega_c t \tag{4.8}$$

经过低通滤波后，得到公式（4.9）：

$$s_0(t)=\frac{1}{2}am(t) \tag{4.9}$$

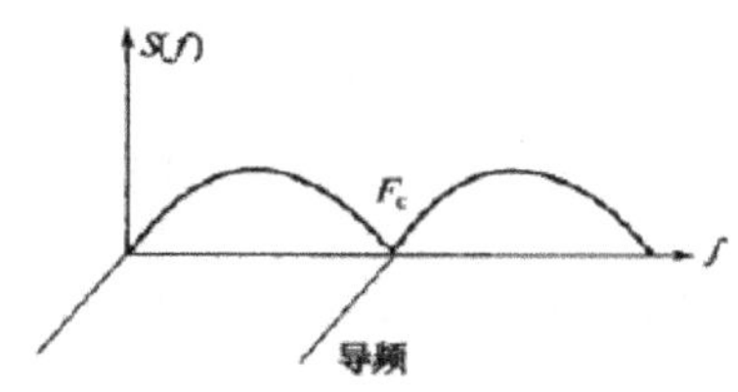

图 4.29　DSB 导频插入原理

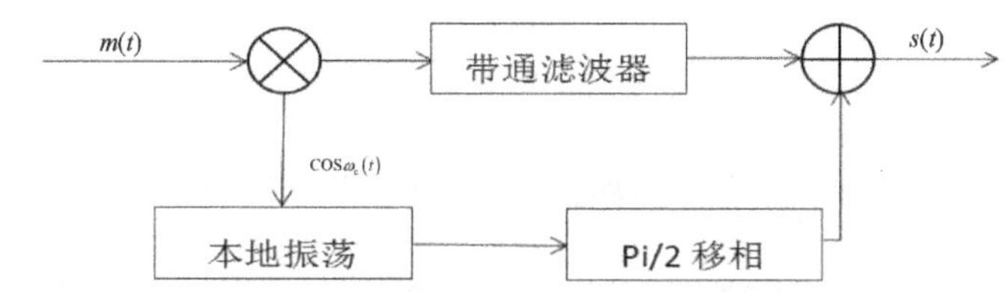

图 4.30　DSB 发射机中插入导频的原理图

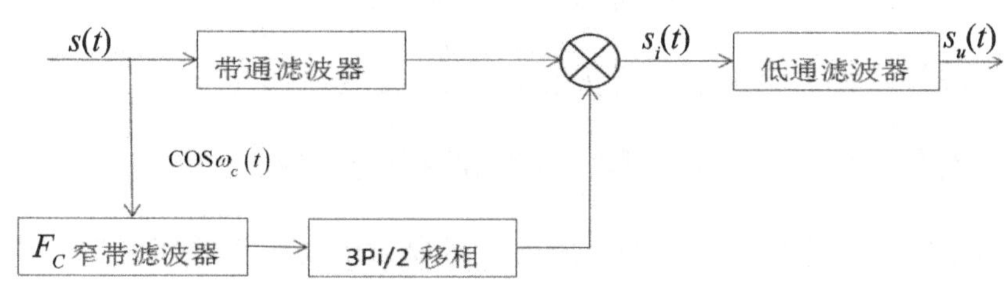

图 4.31　利用导频信号解调的原理

4.7.2　自同步法载波同步

当已调信号中存在载波分量时，可以用锁相环直接提取相干载波，如调幅 AM、幅度键控 ASK 等，均可以从接收到的已调信号直接获取相干载波。当已调信号中不存在载波分量时，可以先对信号进行非线性变换得到载频分量或者它的 N 次倍频，然后用锁相环和分频器得到载频。比如，抑制载波的双边带调幅 DSB-AM、相移键控 PSK 等，由于已调信号不包含载频，需要先经过非线性变换再提取相干载波，涉及锁相环、平方环、Costas 环等方法。

1. 锁相环法

当已调信号中存在载波分量时，原理上可以用窄带滤波器提取载波分量，然而一般的窄带滤波器在通带内的相位—频率特性陡峭，信号载波相对于滤波器中心频率的微小偏移都会使相干载波与信号之间产生较大的相位误差，从而影响通信质量。如果加大滤波器带宽，虽然滤波器的相频特性斜率减小，但频带加宽使滤波器输出噪声增加而引起载波相位抖动，同样会降低解调质量。因此希望采用一种通带很窄而中心频率能够跟踪输入信号载频做相应变化的滤波器。锁相环路刚好就是具有这种特性的滤波器，故而在提取相干载波（以及提取导频和位同步信号）时常采用锁相环路作为窄带滤波器。

锁相环是一个闭环控制系统，是由鉴相器、环路低通滤波器和电压控制振荡器组成的反馈器，如图 4.32 所示。鉴相器对输入信号的相位和 VCO 输出信号的相位进行比较，应用乘法器实现的 VCO 是受电压控制的振荡器，其功能是电压 – 频率转换，使 VCO 的瞬时频率和控制电压成正比。当 VCO 输出信号的频率和相位与锁相环的输入不一致时，环路低通滤波器输出一个代表两个信号相位差的电压改变振荡器的频率，最终使 VCO 输出信号的频率和输入信号的频率相等，并且当稳定相位误差达到最小时，环路就锁定输入信号频率。

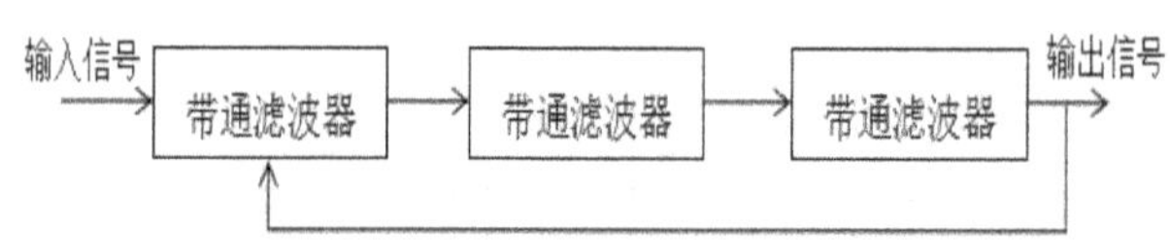

图 4.32　锁相环的结构组成

锁相环具有如下基本特性：

（1）在锁定状态下，由于环路负反馈系统的控制作用，输入与输出信号之间没有频率差而只有一定的相位差。

（2）环路具有跟踪特性，即 VCO 的输出频率和相位可以跟踪输入信号的频率和相位的变化。

（3）环路具有窄带滤波特性。当环路锁定时，输入信号的频谱除信号本身

的频率成分之外，还有其他多种频率成分的干扰，这些干扰经过鉴相器能够形成不同频率的输出电压。当干扰频率和信号频率相差太大时，这些误差能够通过环路低通滤波器被抑制掉。低通滤波器的频带越窄，滤除杂波的能力就越好。锁相环的作用相当于压控振荡器的输出信号频率被提纯，相当于信号通过高频窄带滤波器，该滤波器的带宽又取决于环路滤波器的低通特性。利用环路的窄带特性，可以从含有载频成分的输入信号中提取相干载波以供相干解调使用。

2. 平方环法

抑制载波的双边带信号和二进制相移键控信号，通常采用平方环来获得相干载波，原理如图 4.33 所示。

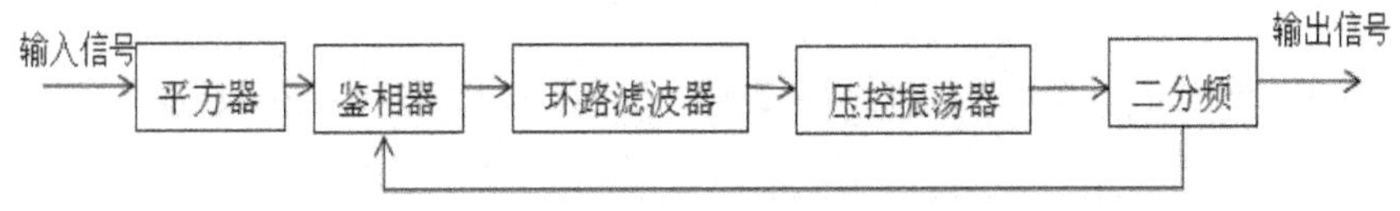

图 4.33　平方环提取载波的原理图

下面以 2PSK 信号为例说明平方环的工作原理。理想信道时，接收到的 2PSK 信号如公式 (4.10) 所示：

$$s_{2\mathrm{PSK}}(t)=m(t)\cos\omega_c t \tag{4.10}$$

式中，$m(t)$ ——双极性二进制数字信号，在一个码元持续时间内的值或者为 +1，或者为 –1。虽然 2PSK 信号不包含独立的载波分量，但经过平方后得到公式 (4.11)：

$$u(t)=\cos^2\omega_c t=\frac{1}{2}(1+\cos 2\omega_c t) \tag{4.11}$$

由此可见，由于采用了平方电路的非线性变换，得到的输出信号 $u(t)$ 包含 2 倍载频分量，只需要用锁相环把分量 $\cos 2\omega_c t$ 提取出来，再进行二分频就可得到解调所需的相干载波。

应当指出，由于平方环提取的载波是由二分频电路产生的，所以存在相位模糊问题，这点只要分析一下平方环中锁相环的相位跟踪特性就可以看出。假设采用正弦锁定特性，在锁相环环路锁定时，平方环输出的参考载波如公式(4.12)所示：

$$s_0(t)=\sin(\omega_c t+\varphi) \tag{4.12}$$

式中，φ——输出与输入信号之间的相位差。压控振荡器的输出信号如公式(4.13)所示：

$$u_{\text{vco}}(t)=\sin(2\omega_c t+2\varphi) \tag{4.13}$$

该信号与平方器输出信号经过鉴相器后，如公式(4.14)所示：

$$u_p(t)=u(t)\cdot u_{vco}(t)=\frac{1}{2}\sin(2\omega_c t+2\varphi)+\frac{1}{4}\sin(4\omega_c t+2\varphi)+\frac{1}{4}\sin(2\varphi) \tag{4.14}$$

再经低通滤波后得到公式(4.15)：

$$u_d(t)=\frac{1}{4}\sin(2\varphi) \tag{4.15}$$

3. Costas 环法

利用锁相环提取相干载波分量的另一非线性方法如图 4.34 所示。

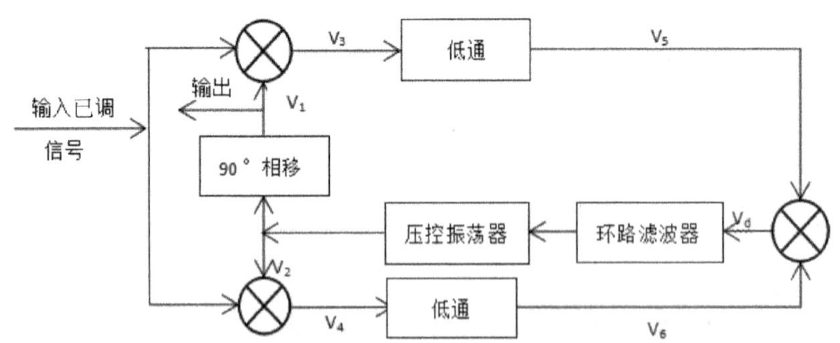

图 4.34　科斯塔斯环原理图

Costas 环的两个相乘器为鉴相器，由于鉴相器输入的本地信号为两路正交

正弦波，所以常称这种环路为同相正交环，即科斯塔斯环（Costas）。该环路同样适用于 DSB 信号、相干二进制 PSK 信号等，下面仍以 2PSK 信号为例论述其工作原理。

理想情况下，环路的输入信号如公式 (4.16) 所示：

$$s(t)=s_{2\mathrm{PSK}}(t)=m(t)\cos\omega_c t \tag{4.16}$$

在环路锁定状态，压控振荡器输出与发送信号频率相同但相位差为 φ 的相干载波，如公式 (4.17) 所示：

$$u_{\mathrm{vco}}(t)=\cos(\omega_c t+\varphi) \tag{4.17}$$

此信号及其经 π/ 2 相移后的正交信号分别在同相支路和正交支路，与输入信号相乘，得到公式 (4.18) 和 (4.19) 所示：

$$i(t)=\frac{1}{2}m(t)[\cos\varphi+\cos(2\omega_c t+\varphi)] \tag{4.18}$$

$$q(t)=\frac{1}{2}m(t)[\sin\varphi+\sin(2\omega_c t+\varphi)] \tag{4.19}$$

经低通滤波器后的输出信号分别如公式 (4.20) 和 (4.21) 所示：

$$q_0(t)=\frac{1}{2}m(t)\sin\varphi \tag{4.20}$$

$$i_0(t)=\frac{1}{2}m(t)\cos\varphi \tag{4.21}$$

由于 $q_o(t)$ 和 $i_o(t)$ 都包含调制信号，所以两者相乘可以消除调制信号的影响，结果如公式 (4.22) 所示：

$$u_d(t)=\frac{1}{4}m^2(t)\cos\varphi\sin\varphi=\frac{1}{8}\sin 2\varphi \tag{4.22}$$

可见，Costas 环和平方环的压控振荡器的控制信号，都只和相位差有关，具有鉴相特性，因此恢复的载波可能是“0”相位也可能是“π”相位，即与所要求的理想相干载波可能是同相也可能是反相，这种相位关系的不确定性称为相位模糊。相位模糊问题在 PSK 中会引起解调的混乱，是不允许的，该问题的有效解决方法是采用差分相移键控 DPSK。

Costas 环和平方环相比，电路相对复杂，但它没有采用平方律器件，因此工作频率是f_c，而平方律器件的工作频率是$2f_c$。所以当载频f_c比较高时，Costas 环更容易实现。Costas 环的另一个优点是不必另外采用解调电路，这是因为环路锁定时相位差很小，如公式(4.23)所示：

$$s_0(t) = i_0(t) \approx \frac{1}{2}m(t) \tag{4.23}$$

因此同相支路的输出就是解调后的基带信号。

4. 四相 Costas 环法

四相 Costas 环是基于 Costas 环的推广，图 4.35 给出了从 QPSK 信号中提取载波的四相 Costas 环，提取的载波同样具有 90° 的相位模糊。这种方法电路结构比较复杂，实际中应用较少。

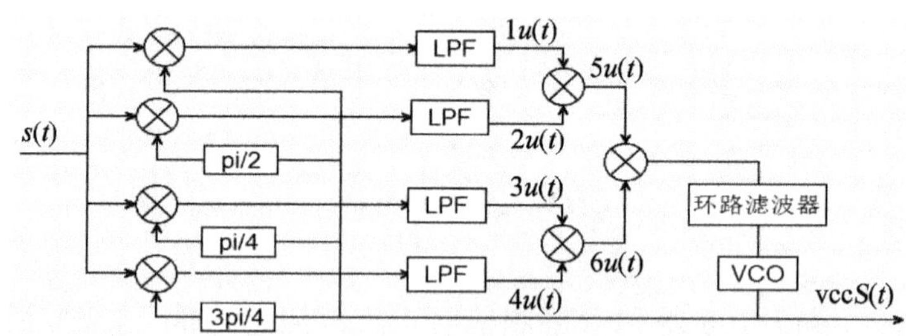

图 4.35　四相 QPSK 科斯塔斯环

假设输入的 QPSK 信号如公式(4.24)所示：

$$s(t) = A\cos[\omega_c t - \theta(t) + \theta] \tag{4.24}$$

式中，$\theta(t)$——传送信息的 4 种相位 0、π/2、π 以及 3π/2；θ——环路要跟踪

的载波相位。VCO 在环路锁定状态的输出信号如公式（4.25）所示：

$$s_{\text{vco}}(t) = A_v \cos\left(\omega_c + \theta_v\right) \tag{4.25}$$

式中，θ_v——锁相环实际跟踪的载波相位。环路跟踪的相位误差 θ_e 如公式（4.26）所示：

$$\theta_e = \theta_v - \theta \tag{4.26}$$

当输入信号 s（t）分别与 s_{vco}（t）及经过 π/2、π/4、3π/4 相移的 s_{vco}（t）相乘，并经过低通滤波之后，分别得到公式（4.27）～（4.34）：

$$u_1(t) = \frac{1}{2} A A_v \sin[\theta_e + \theta(t)] \tag{4.27}$$

$$u_2(t) = \frac{1}{2} A A_v \sin[\theta_e + \theta(t) + \frac{\pi}{4}] \tag{4.28}$$

$$u_3(t) = \frac{1}{2} A A_v \sin[\theta_e + \theta(t) + \frac{\pi}{2}] \tag{4.29}$$

$$u_4(t) = \frac{1}{2} A A_v \sin[\theta_e + \theta(t) + \frac{3\pi}{4}] \tag{4.30}$$

$$u_5(t) = u_1 \cdot u_2 = \frac{1}{8} A^2 A^2{}_v \sin 2[\theta_e + \theta(t)] \tag{4.31}$$

$$u_6(t) = u_3 \cdot u_4 = \frac{1}{8} A^2 A^2{}_v \cos 2[\theta_e + \theta(t)] \tag{4.32}$$

$$u_d(t) = u_5 \cdot u_6 = \frac{1}{128} A^4 A_v^4 [\sin 4\theta_e \cos 4\theta(t) + \cos 4\theta_e \sin 4\theta(t)] \tag{4.33}$$

因为 cos4 $\theta(t)$ =1,sin4 $\theta(t)$ =0，所以

$$u_d(t) = u_5 \cdot u_6 = \frac{1}{128} A^4 A_v^4 \sin 4\theta_e \tag{4.34}$$

Costas 环的模块组合如图 4.36 所示。

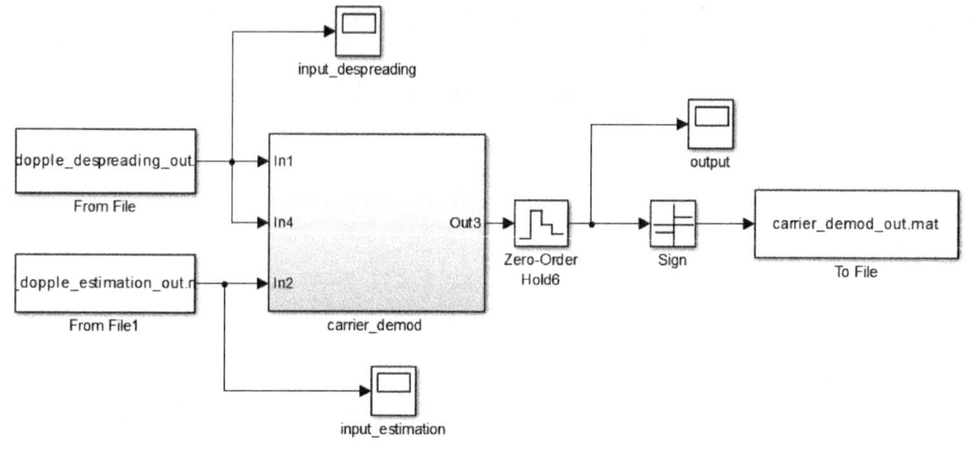

图 4.36　Costas 环的模块组成

可见，四相 Costas 环的鉴相特性，亦即 VCO 的控制电压 u_d，大小与调制信号无关，只取决于相位差。由于环路可能在 0、π/2、π、3π/2 四个相位上锁定，所以它也会存在相位模糊问题，解决办法仍然是采用差分编码 4DPSK。

4.8　载波同步仿真

载波同步仿真包含 pn_dopple_estmation_out.mat 和 pn_dopple_despreading_out.mat。其中，pn_dopple_despreading_out.mat 包含经过扩频同步的信号，pn_dopple_estmation_out.mat 包含多普勒频移估计值。carrier_demod.mdl 是载波同步仿真模块，仿真结果保存为 carrier_demod_out.mat 文件作为信道译码仿真的输入。仿真参数设置：待解调信号为 BPSK 信号，载频 510 kHz，初始频率 500 kHz 与发端使用的载频存在 10 kHz 频差。

4.8.1 仿真模块

仿真采用 Costas 环完成载波同步仿真。根据 BPSK 调制搭建了二相 Costas 环，其 carrier_ demod 模块的内部结构如图 4.37 所示，其中乘法器作为鉴相器，两个 VCO 分别输出同相、正交载波，频率为 509 kHz。低通滤波器负责滤除倍频分量，环路滤波器负责进行收敛，内部结构如图 4.38 所示。

需要设置参数的模块为 Gain 和 Gain 1（Gain 为增益模块），类似于 PLL 模块里的分子分母矢量，Gain 模块的设定值是 Gain 1 的 20 倍。

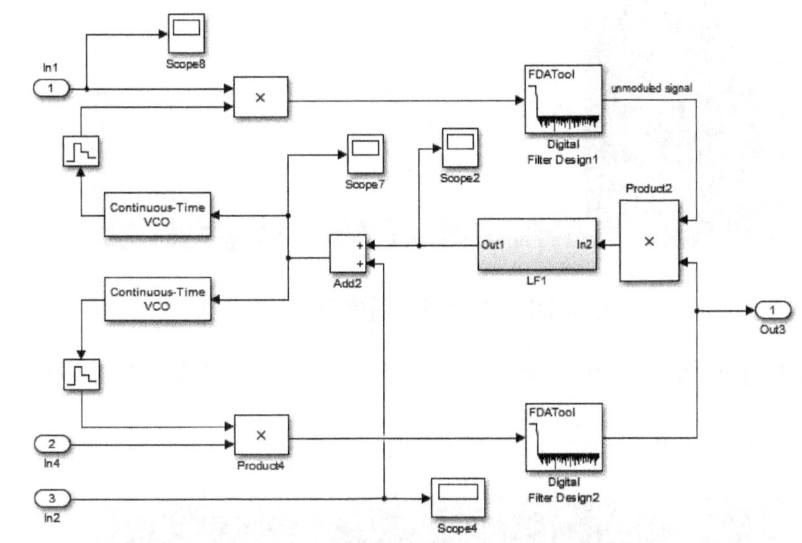

图 4.37 Carrier_demod 模块的内部结构

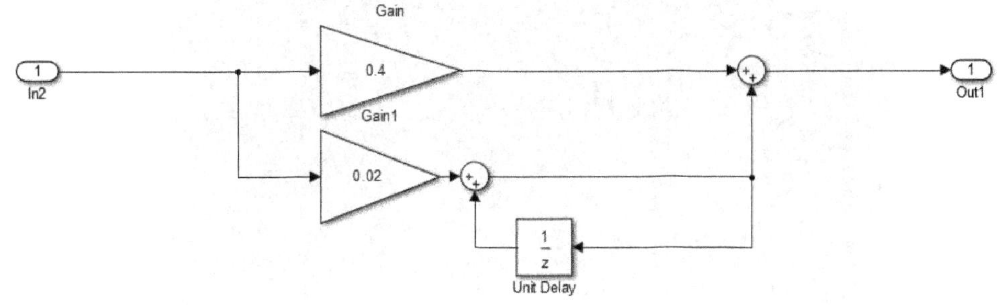

图 4.38 环路滤波器的内部结构

4.8.2 仿真分析

运行 Matlab，打开并运行 career_ demod. mdl 文件开始仿真。仿真结束后，双击模块中名为“input_ despreading”的示波器，即可观察经过扩频同步后的输入信号波形，如图 4.39 所示。

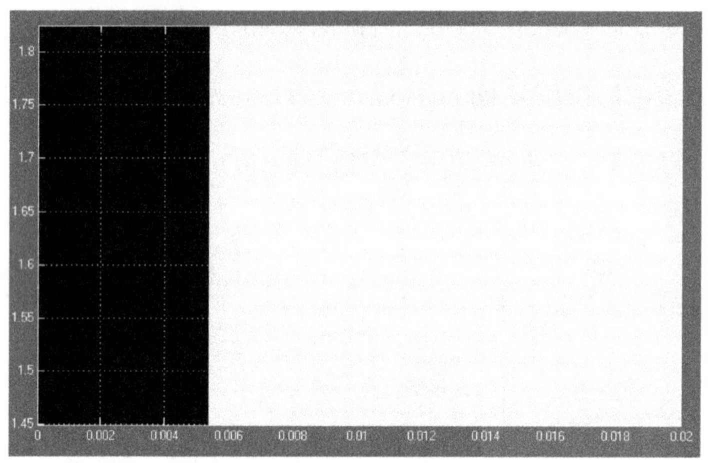

图 4.39　扩频同步后信号波形

双击模块中名为“input_　estimation”的示波器，即可观察到输入的多普勒频移估计值，如图 4.40 所示。

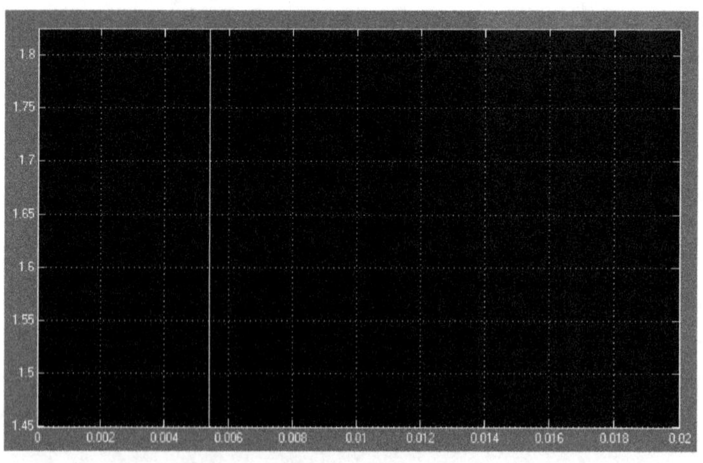

图 4.40　多普勒频移的估计值

双击模块中名为“output”的示波器，即可观察到输出信号波形，如图4.41所示。

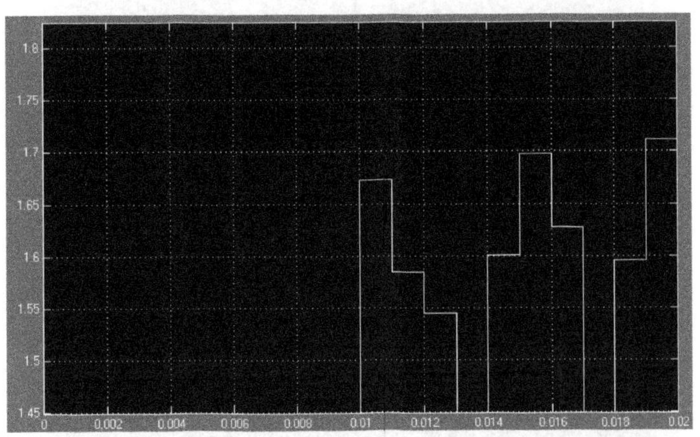

图4.41 解调输出的信号波形

为了能够更好地观察信号波形，可以对图4.39、图4.40和图4.41进行适当缩放。可以直接在图形上面单击鼠标右键并选择“Autoscale”，并在波形图上拖拽，即可实现缩放。图4.42、图4.43以及图4.44为拖曳放大后的波形图，可以观察到波形的细部特征。

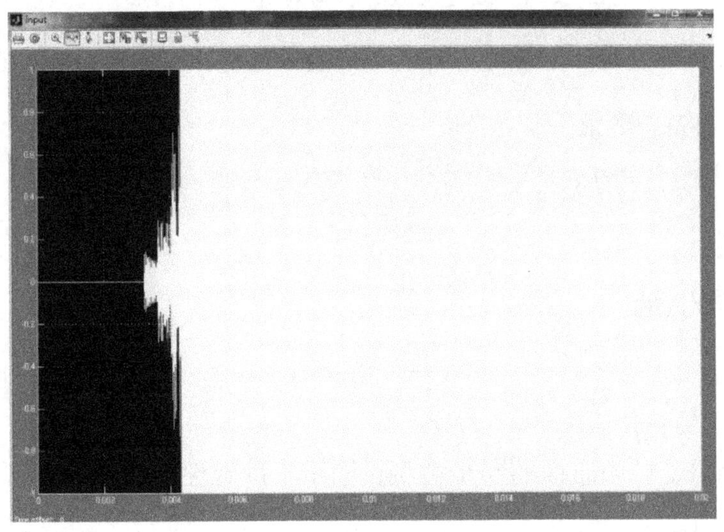

图4.42 经过缩放的扩频同步后的信号波形

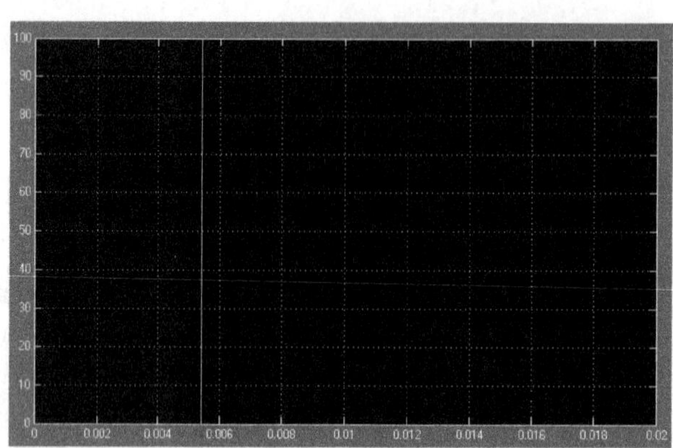

图 4.43　经过缩放的多普勒频移的估计值

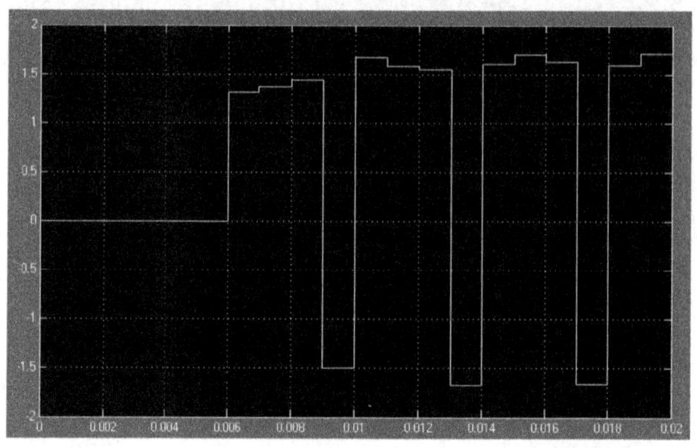

图 4.44　经过缩放的解调输出信号的波形

从图 4.44 可以看出，最终得到的包络信号含有噪声信息，分布在 [−2,2] 区间，解调结果符合要求。

4.9　本章小结

本章介绍了扩频通信的同步类型、同步不确定性的问题的来源、PN 码的同步捕获与跟踪、多普勒频移对 PN 码同步跟踪的影响等，最后通过仿真研究 PN 码同步算法的实际效果。

第5章
直接序列扩频通信

直接序列扩频（DSSS），是用码片速率比用户信息速率快很多倍的伪随机码（PN 码）与信号直接相乘，以实现频谱扩展。与窄带通信比较，DSSS 实现更简单，抗干扰能力更强。本章主要以 DS-CDMA 为应用实例，论述 DSSS 通信系统的工作原理和仿真方法。

5.1　DSSS 简介

DSSS 通信系统的基本结构如图 5.1 所示。工作过程是，发射端将原始信息数据与本地 PN 码相乘（实际为模 2 加）生成扩频码，再将扩频码与载波相乘进行调制，最后通过天线输送到无线信道。接收端通过时钟控制产生同步 PN 码，再与本地振荡器、调制器、混频器、滤波器、解调器联合作用，进行解扩和解调，最后得到原始信息数据。

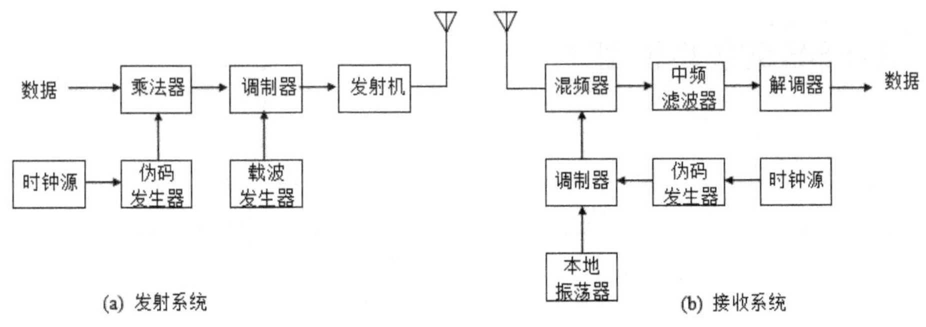

图 5.1　DSSS 通信系统的结构组成

5.2 DSSS 的抗干扰能力

DSSS 通信系统的抗干扰能力，通过扩频处理增益进行量化。计算扩频增益通常不考虑输入滤波器的带宽，而且假设高斯白噪声的双边功率谱密度为 $N_0/2$。噪声功率谱密度经相关处理后保持不变，若假设输入滤波器端带宽为 $2R$，输出滤波器端带宽为 r，则处理增益如公式（5.1）所示：

$$G_{\mathrm{p}}=\frac{[S/N]_o}{[S/N]_i}=\frac{N_i}{N_o}=\frac{2R}{r} \tag{5.1}$$

根据式（5.1），DSSS 对于高斯白噪声的处理增益，与发射端和接收端的信息速率之比成正比。一般情况下，PN 码的码片速率很高，可达兆数量级甚至百兆数量级，而传输信息的码元速率相对较低，如实际中发送语音信号只有 32 ~ 64kb/s 的速率，DSSS 的处理增益越高，表明 DSSS 通信系统的抗干扰能力和噪声适应能力越强，很符合噪声复杂的水声通信的要求。

5.3 DSSS 的仿真模型

DSSS 仿真包括发送端、信道、接收端三部分，仿真流程如图 5.2 所示。

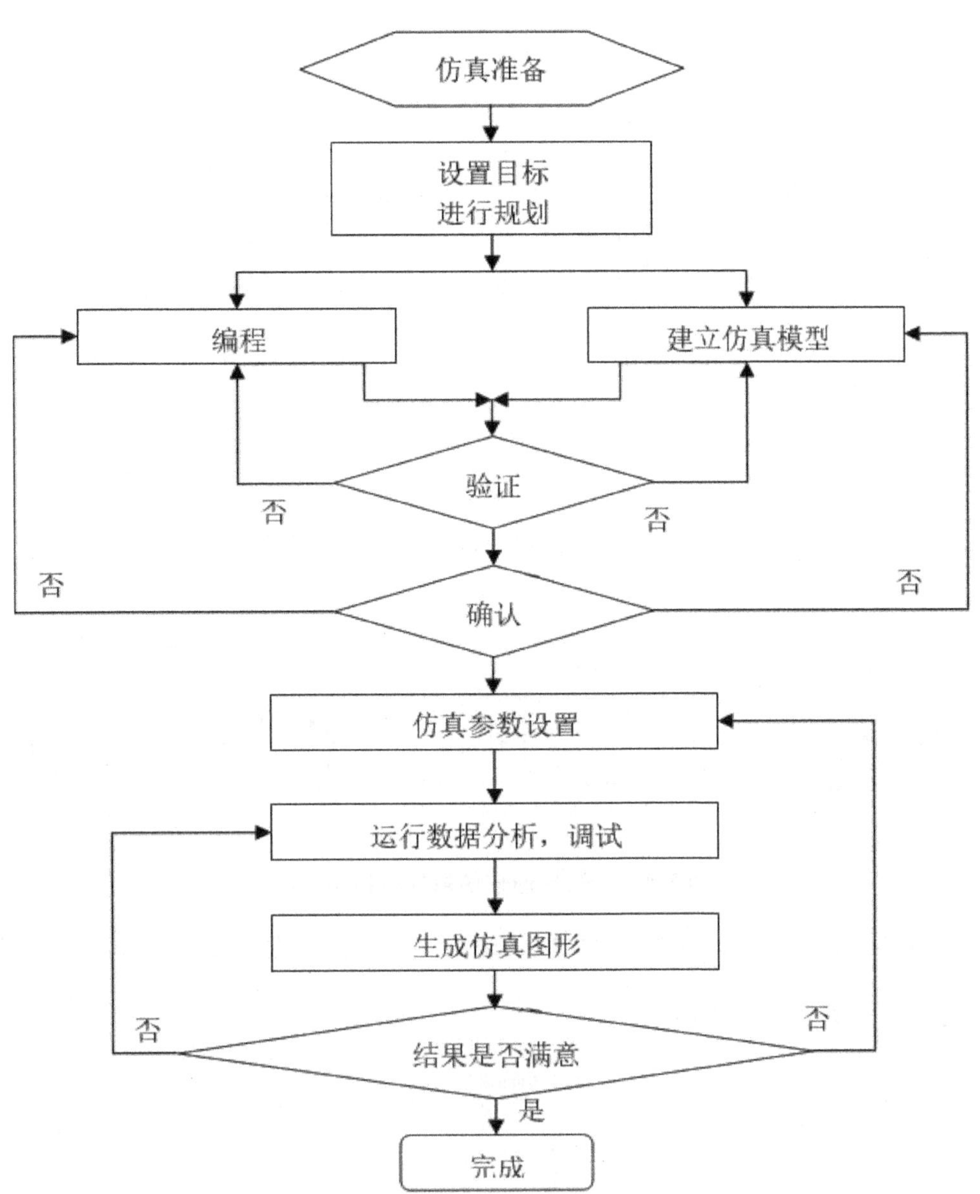

图 5.2 DSSS 通信系统的仿真流程

图 5.3 是在 MATLAB/SIMULINK 环境搭建的 DSSS 仿真模块，其中 BPSK -MOD 表示载波调制模块，Channel 为信道模块，Anti-interference 为抗干扰模块，PN-DOPPLE 为 PN 码同步模块，Carrier-demod 为载波同步模块。DSSS 模拟信号源的模型如图 5.4 所示。

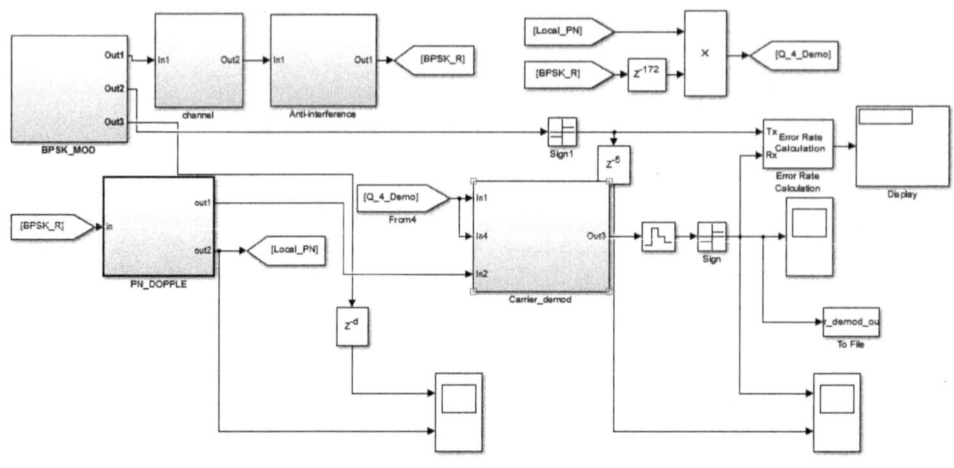

图 5.3　DSSS 通信系统仿真的模块组成

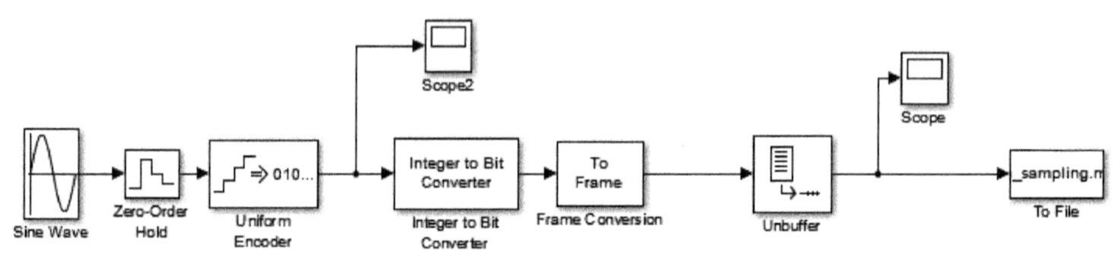

图 5.4　DSSS 通信仿真的模拟信号源

DSSS 仿真结果如图 5.5、图 5.6 和图 5.7 所示，其中接收信号经过多径信道添加了高斯类型的噪声。

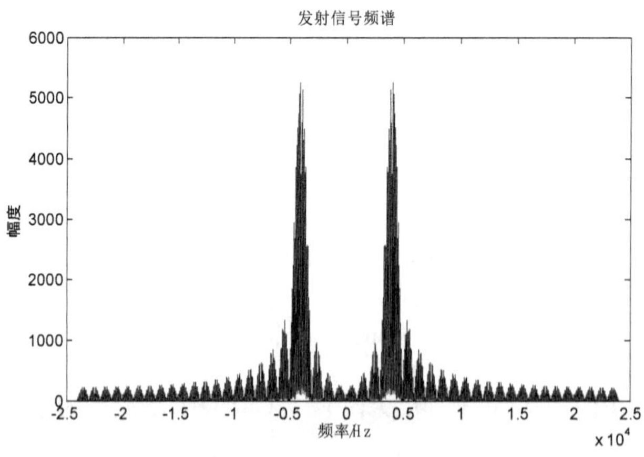

图 5.5　DSSS 发射信号的频谱图

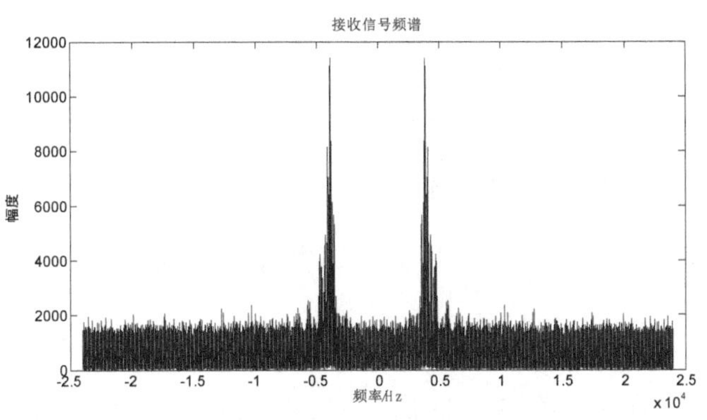

图 5.6　DSSS 接收信号的频谱图

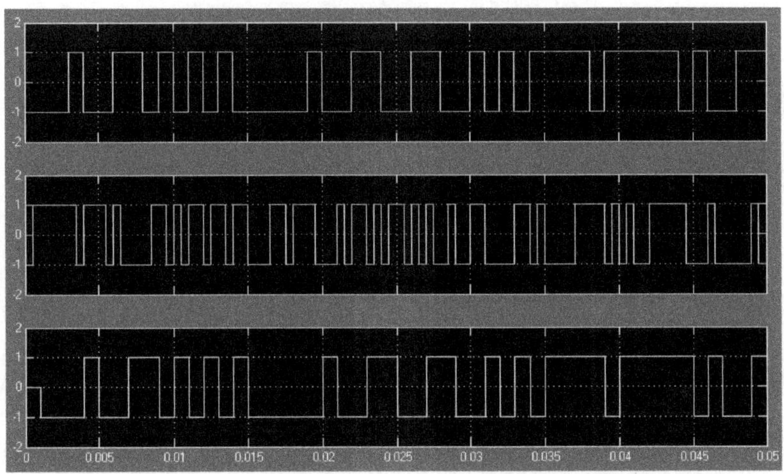

图 5.7　调制前及解调后 DSSS 通信的时域信号波形对比

仿真结果表明，加入高斯白噪声，经过多径信道，DSSS 通信系统接收处理后得到的信号频谱及其时域波形与发送端原始信号的频谱和波形基本一致，验证了 DSSS 通信的抗干扰性能。

5.4　DS-CDMA 简介

直接序列码分多址（Direct Sequence-Code Division Multiple Access, DS-

CDMA）通信是典型的直接序列扩频例子，它在发送端将携带信息的窄带信号与高速地址码信号直接相乘而获得宽带扩频信号，在接收端通过同步 PN 码控制输入变频器的载频相位而实现解扩。DS-CDMA 具有抗窄带干扰、抗多径衰落、保密性好等优点，还有用户共享频率资源、无须复杂的频率分配和管理、软容量特性等一系列优点，所谓“软容量”就是在一定限度内的用户数增加只会使得信噪比下降而不会终止通信，即 DS-CDMA 没有绝对的容量限制。DS-CDMA 的缺陷是多址干扰，也就是通信过程中不同用户的发射信号会有一定程度的相互干扰，这是由不同地址码之间的非完全正交性所致。此外，DS-CDMA 系统存在“远近效应”，就是说离基站近的强信号用户会对远离基站的弱信号用户的通信形成干扰，本质上说这仍然是由地址码的非完全正交性所致，目前人们已通过在移动通信系统中引入“自动功率控制”技术，削弱了远近效应的影响。

DS-CDMA 的技术标准遵循 ITU 规定的 IMT-2000 规格，并以 W-CDMA 方式为基础。它能够利用 5 MHz 信道提供高达 2 Mbps 的数据速度，同时能够扩大系统容量，提高通话时的语音质量，降低通话掉线率，支持 IP 数据服务。DS-CDMA 技术除了具有提供窄带业务（如话音业务）的能力之外，还具有提供多种用户速率通信、VOD 带宽的能力，并且能够根据不同业务提供不同服务等级。在 CDMA 标准中，DS-CDMA 技术是其中的重要部分，也是实现无线多媒体通信的关键。DS-CDMA 技术最早起源于欧洲和日本的第三代无线研究活动，GSM 的巨大成功对第三代系统在欧洲的标准化产生重大影响。1996 年，日本推出了一套 DS-CDMA 的实验系统方案，并得到了当时世界上主要的移动设备制造商的支持。1998 年 12 月成立的 3GPP（第三代伙伴项目）极大地推动了 DS-CDMA 技术的发展，加快了 DS-CDMA 的标准化进程，并最终使

DS-CDMA 技术成为 ITU 批准的国际通信标准。DS-CDMA 基于 ANSI-41 核心网，使用新的频带，采用 FDD 工作方式，码片速率为 3.84 Mbps。DS-CDMA 有更大的覆盖范围，采用自适应天线及多用户检测等新技术，并可支持频率间切换。由 DS-CDMA 技术组成的通信系统通常包括无线基地局装置、无线网络控制装置、多媒体信号处理装置。DS-CDMA 系统的空中连接采用 5 MHz、10 MHz 或 20 MHz 的无线信道。

5.5　DS-CDMA 的抗干扰能力

随着现代电子技术的高速发展，空间电磁环境日益复杂，使频道相对拥挤，军事通信更加面临着各种人为干扰。为了增强通信系统的可靠性，增加信道容量，采用码分多址技术是必然选择。DS-CDMA 处理增益高，抗干扰能力强。其中，抗干扰能力可以通过干扰容限 M_j 定量如公式 (5.2) 所示：

$$M_j = G_p - \left[L_{\text{sys}} + (S/N)_{\text{out}} \right] \tag{5.2}$$

式中，G_P 为处理增益，L_{sys} 为系统执行损耗，包括射频滤波器的损耗、相关处理器的混频损耗、放大器的信噪比损耗等。$(S/N)_{\text{out}}$ 为相关接收输出端的信噪比。工程应用中，G_P 不能无限增大，器件的非线性及码元跟踪误差也将导致信噪比损失，所以扩频接收机实际容许输入的干信比，要低于上述干扰容限。

5.6 DS-CDMA 仿真

5.6.1 DS-CDMA 仿真流程

DS-CDMA 仿真流程如图 5.8 所示。仿真参数包括符号参数、滤波器参数、扩频码参数、衰减信道参数等。扩频码有 m 序列、Gold 序列和正交 Gold 序列等。需要设置最小信噪比、最大信噪比和步进长度，每个信噪比参数供后续仿真使用。发射机由 QPSK 调制、扩频和滤波组成，都通过调用函数实现。多径信道也通过调用函数来设置，具体代码见书后附录 1。接收机由高斯噪声、滤波、解扩和 QPSK 解调组成。根据仿真参数设置，将重复发射机到接收机的通信过程以降低误码率；然后根据信噪比设置，仿真所有信噪比对应的误码率，最后绘制出误码率 / 信噪比图线。

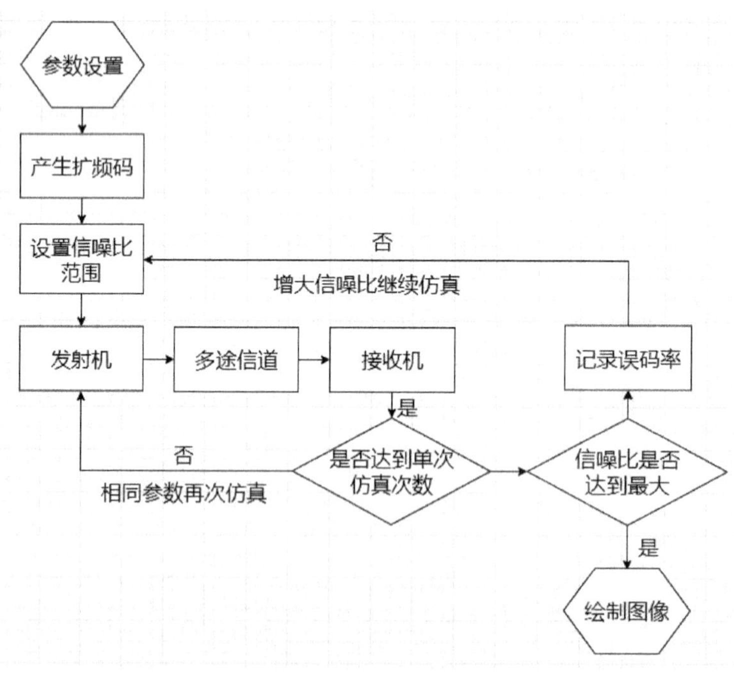

图 5.8 DS-CDMA 仿真流程图

5.6.2　DS-CDMA 仿真模型

（1）mseq 函数。mseq 函数的功能是，根据设定的移位寄存器系数产生相应的 m 序列。当用户数为 1 时返回一维 m 序列；当用户数为 n（$n \geqslant 2$）时，将已经产生的 m 序列进行移位，返回多个 m 序列，即矩阵列数为 n。

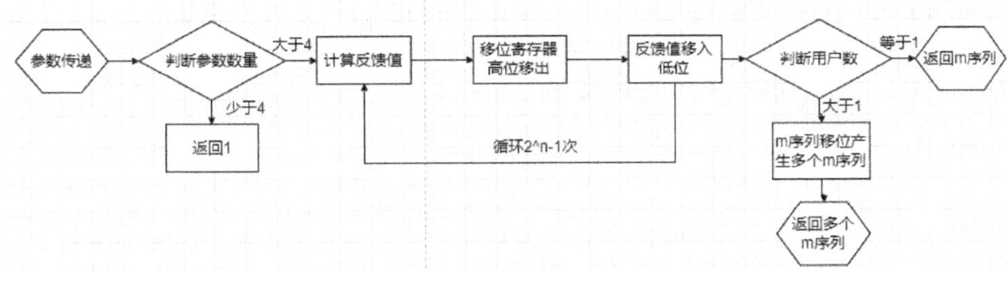

图 5.9　mseq 函数的实现流程

mseq 函数的程序代码：

```
%mseq.m
% 此函数产生 m 序列
function [mout] = mseq（stg, taps, inidata, n）
% stg      m 序列阶数
% taps     线性移位寄存器的系数
% inidata  序列的初始化
% n        输出序列的数目
% mout     输出的 m 序列
if nargin < 4
    n = 1;
end
mout = zeros（n,2^stg-1）;
```

```
fpos = zeros（stg,1）;
fpos（taps）= 1;
for ii=1:2^stg-1
    mout（1,ii）= inidata（stg）; % 输出数据的存储
    num = mod（inidata*fpos,2）;% 反馈数据的计算
    inidata（2:stg）= inidata（1:stg-1）;% 线性移位寄存器的一次移位
    inidata（1）= num;% 返回反馈值
end
if n > 1
    for ii=2:n
        mout（ii,:）= shift（mout（ii-1,:）,1,0）;
    end
end
```

（2）sift 函数。sift 函数实现序列循环移位。右移量大于 0 时循环右移，反之左移，顶部偏移量大于 0 时循环上移，反之下移，最后输出矩阵，如图 5.10 所示。

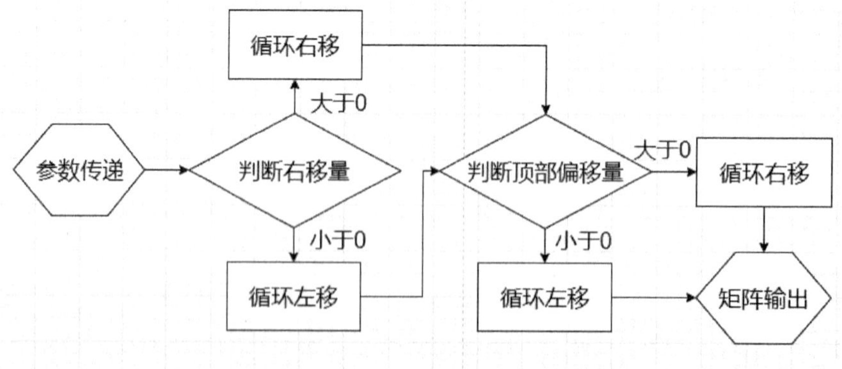

图 5.10　shift 函数的实现流程

shift 函数的程序代码：

```
%shift.m
% 此函数用于实现线性移位寄存器的移位操作
function [outregi] = shift（inregi,shiftr,shiftu）
% inrege  向量或矩阵
% shiftr    右移量
% shiftu  顶部移位量
% outregi 寄存器的输出
[h, v]  = size（inregi）；
outregi = inregi;
shiftr = rem（shiftr,v）；
shiftu = rem（shiftu,h）；
if shiftr > 0
      outregi（:,1:shiftr）= inregi（:,v-shiftr+1:v）；
      outregi（:,1+shiftr:v）= inregi（:,1:v-shiftr）；
elseif shiftr < 0
      outregi（:,1:v+shiftr）= inregi（:,1-shiftr:v）；
      outregi（:,v+shiftr+1:v）= inregi（:,1:-shiftr）；
end
inregi = outregi;
if shiftu > 0
      outregi（1:h-shiftu,:）= inregi（1+shiftu:h,:）；
      outregi（h-shiftu+1:h,:）= inregi（1:shiftu,:）；
```

```
elseif shiftu < 0
    outregi（1:-shiftu,:）= inregi（h+shiftu+1:h,:）;
    outregi（1-shiftu:h,:）= inregi（1:h+shiftu,:）;
end
```

（3）goldseq 函数。goldseq 函数用来产生 gold 序列。输入一对 m 序列优选对，产生对应 m 序列，将这两个 m 序列异或运算得到 gold 序列。goldseq 函数的实现流程如图 5.11 所示。

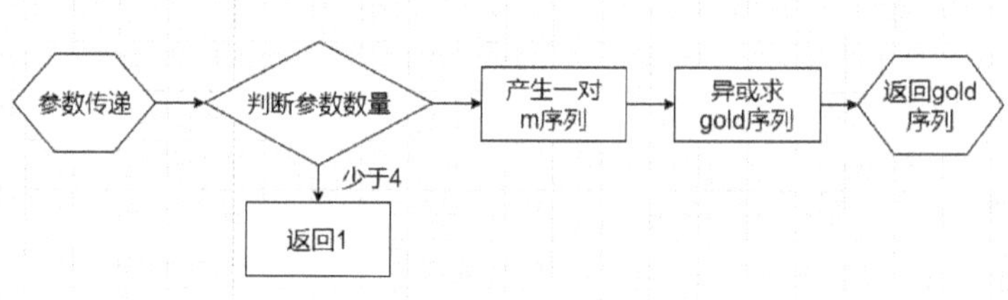

图 5.11　goldseq 函数的实现流程

goldseq 函数的程序代码：

```
%goldseq.m
% 此函数用于产生 gold 序列
function [gout] = goldseq（m1, m2, n）
% m1    第一个 m 序列
% m2    第二个 m 序列
% n     输出序列的数目
% gout  输出产生的 gold 序列
if nargin < 3
    n = 1;
```

```
end
gout = zeros（n,length（m1））;
for ii=1:n
    gout（ii,:）= xor（m1,m2）;
    m2                  = shift（m2,1,0）;
end
```

（4）hrollfcoef 函数。hrollfcoef 函数实现序列的 QPSK 调制，进行串并变换，由于载波对仿真结果影响不大，省去了载波调制的步骤。

hrollfcoef 函数的程序代码：

```
% hrollfcoef.m
% 此函数用于产生 Nyquist 滤波器的系数
function [xh] = hrollfcoef（irfn,ipoint,sr,alfs,ncc）
% irfn  用于滤波的符号数
% ipoint 每个符号的抽样值数
% sr  符号速率
% alfs  衰减截止频率
% ncc   1 -- 发送端滤波 0 -- 接收端滤波
xi=zeros（1,irfn*ipoint+1）;
xq=zeros（1,irfn*ipoint+1）;
point = ipoint;
tr = sr ;
tstp = 1.0 ./ tr ./ ipoint;
n = ipoint .* irfn;
```

```
mid =( n ./ 2 )+ 1;
sub1 = 4.0 .* alfs .* tr;
for i = 1 : n
    icon = i - mid;
    ym = icon;
    if icon == 0.0
        xt =(1.0-alfs+4.0.*alfs./pi) .* tr;
    else
        sub2 =16.0.*alfs.*alfs.*ym.*ym./ipoint./ipoint;
        if sub2 ~= 1.0
            x1=sin(pi*(1.0-alfs)/ipoint*ym)./pi./(1.0-sub2)./ym./tstp;
            x2=cos(pi*(1.0+alfs)/ipoint*ym)./pi.*sub1./(1.0-sub2);
            xt = x1 + x2;
        else
            xt = alfs.*tr.*((1.0-2.0/pi).*cos(pi/4.0/alfs)+(1.0+2.0./pi).*sin(pi/4.0/
                alfs)) ./sqrt(2.0);
        end
    end
    if ncc == 0
        xh( i )= xt ./ ipoint ./ tr;
    elseif ncc == 1
        xh( i )= xt ./ tr;
    else
```

```
        error（'ncc error'）;
    end
end
```

该函数产生 Nyquist 滤波器系数。

（5）qpskmod 函数的实现流程如图 5.12 所示。

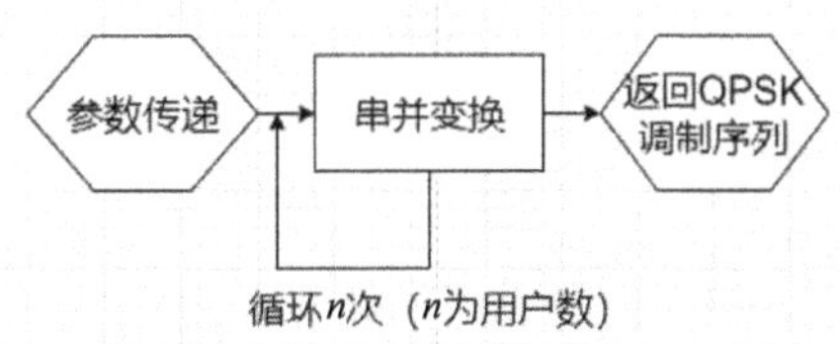

图 5.12　qpskmod 函数的实现流程

qpskmod 的函数的程序代码：

```
%qpskmod.m
% 此函数实现 QPSK 调制
function [iout,qout]=qpskmod（paradata,para,nd,ml）
% paradata  输入数据
% iout      输出的实部数据
% qout      输出的虚部数据
% para      并行信道数
% nd        输入数据个数
% ml        调制阶数
m2=ml./2;
paradata2=paradata.*2-1;
count2=0;
for jj=1:nd
```

```
isi = zeros（para,1）;
isq = zeros（para,1）;
for ii = 1 : m2
    isi = isi + 2.^（ m2 - ii ）.* paradata2((1:para）,ii+count2）;
    isq = isq + 2.^（ m2 - ii ）.* paradata2((1:para）,m2+ii+count2）;
end
iout（(1:para）,jj）=isi;
qout（(1:para）,jj）=isq;
count2=count2+ml;
end
```

(6)spread 函数。spread 函数实现直接序列扩频。程序先判断输入参数个数，即未经串并变换的参数个数为 2，经过串并变换的参数个数为 3，将参数归一后再将待扩序列每一位与 PN 码相乘得到最终的扩频序列。spread 函数流程图如图 5.13 所示。

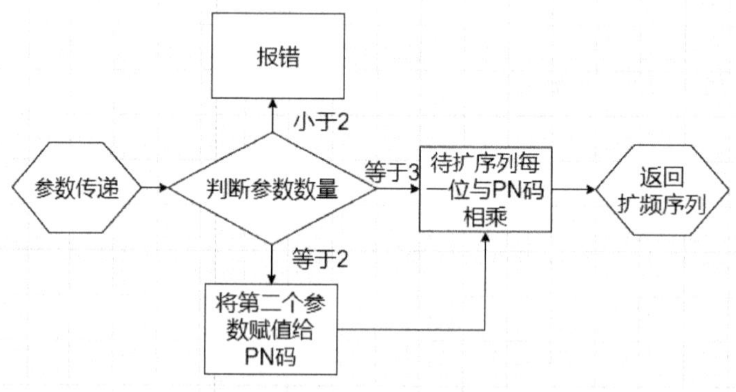

图 5.13　spread 函数流程图

spread 函数的程序代码：

```
%spread.m
```

```
% 此函数用于实现扩频调制
function [iout, qout] = spread（idata, qdata, code1）
% idata 输入序列实部
% qdata  输入序列虚部
% iout   输出序列实部
% qout   输出序列虚部
% code1  扩频码序列
switch nargin
    case { 0 , 1 }
        error（‘lack of input argument’）;
    case 2
        code1 = qdata;
        qdata = idata;
end
[hn,vn] = size（idata）;
[hc,vc] = size（code1）;
if hn > hc
    error（‘lack of spread code sequences’）;
end
iout = zeros（hn,vn*vc）;
qout = zeros（hn,vn*vc）;
    for ii=1:hn
        iout（ii,:）= reshape（rot90(code1(ii,:）,3）*idata（ii,:）,1,vn*vc）;
```

```
        qout（ii,:）= reshape（rot90（code1（ii,:）,3）*qdata（ii,:）,1,vn*vc）;
    end
```

该函数用于序列升采样，在元素之间插入 sample-1 个 0，例如 [1 2 3]-> [1 0 0 2 0 0 3 0 0]。该函数用于实现 IQ 两路的信号滤波。设置滤波器参数后，程序直接调用 matlab 库函数 conv2 进行数字滤波。

compoversamp2 函数的程序代码：

```
% compoversamp2.m
% 此函数实现“sample”倍升采样
function [iout,qout] = compoversamp2（iin, qin, sample）
% iin   输入序列实部
% qin   输入序列虚部
% iout  输出序列实部
% qout 输出序列虚部
% sample 升采样的倍数
[h,v] = size（iin）;
iout = zeros（h,v*sample）;
qout = zeros（h,v*sample）;
iout（:,1:sample:1+sample*（v-1））= iin;
qout（:,1:sample:1+sample*（v-1））= qin;
```

（7）c。

ompconv2 函数的程序代码：

```
%compconv2.m
% 此函数用于实现有用信号的滤波
```

```
function [iout, qout] = compconv2(idata, qdata, filter)
% idata   输入序列实部
% qdata  输入序列虚部
% iout     输入序列实部
% qout    输入序列虚部
% filter   滤波器的系数
iout = conv2(idata,filter) ;
qout = conv2(qdata,filter) ;
```

（8）sefade 函数。该函数主要调用下面的 delay 函数及 fade 函数，实现信道频率选择性衰落。程序先计算各径衰落量，再通过 delay 函数和 fade 函数计算出信道频率选择性衰落结果。sefade 函数流程图如图 5.14 所示。

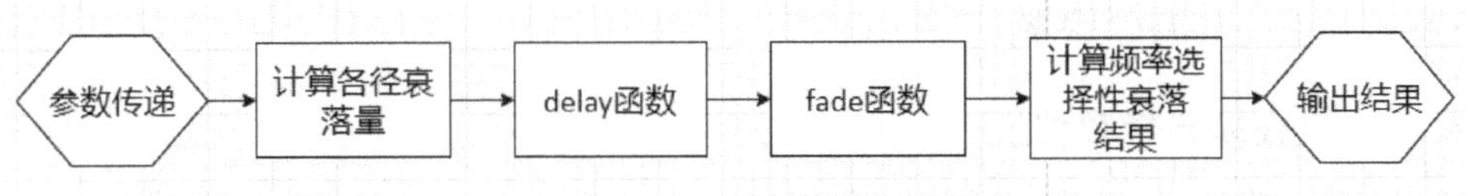

图 5.14　sefade 函数流程图

sefade 函数的程序代码：

```
%sefade.m
% 此函数用于实现信道的频率选择性衰落设计
function[iout,qout,ramp,rcos,rsin]=sefade（idata,qdata,itau,dlvl,th,n0,itn,n1,nsam-
p,tstp,fd,flat）
% idata   输入的实部数据
% qdata   输入的虚部数据
% iout     输出的实部数据
```

```
% qout   输出的虚部数据
% ramp     幅度衰减
% rcos      正交分量衰减
% rsin      同相分量衰减
% itau       各径时延
% dlvl     各多径衰减量
% th      各多径初始时延
% n0      用于产生各径衰落的波数
% itn       各多径衰减计数
% n1     主径和各延迟波形总数
% nsamp    符号数
% tstp       最小时间分辨率
% fd         最大多普勒频移
% flat    是否平坦衰落
% 1->flat（只有幅度衰落），0->nomal（相位和幅度都衰落）
iout = zeros（1,nsamp）;
qout = zeros（1,nsamp）;
total_attn = sum（10 .^（ -1.0 .* dlvl ./ 10.0））;
for k = 1 : n1
    atts = 10.^（ -0.05 .* dlvl（k））;
    if dlvl（k）>= 40.0
        atts = 0.0;
    end
```

```
    theta = th (k).* pi ./ 180.0;
    [itmp,qtmp] = delay( idata , qdata , nsamp , itau (k)) ;
    [itmp3,qtmp3,ramp,rcos,rsin] = fade(itmp,qtmp,nsamp, tstp,fd, n0(k),itn(k),flat);
    iout = iout + atts .* itmp3 ./ sqrt (total_attn) ;
    qout = qout + atts .* qtmp3 ./ sqrt (total_attn) ;
end
```

（9）delay 函数。该函数实现信号时延。程序与信号移位程序类似，不同的是移位程序实现的是循环移位，而这个时延程序在序列高位移出后，低位补 0。delay 函数的实现流程如图 5.15 所示。

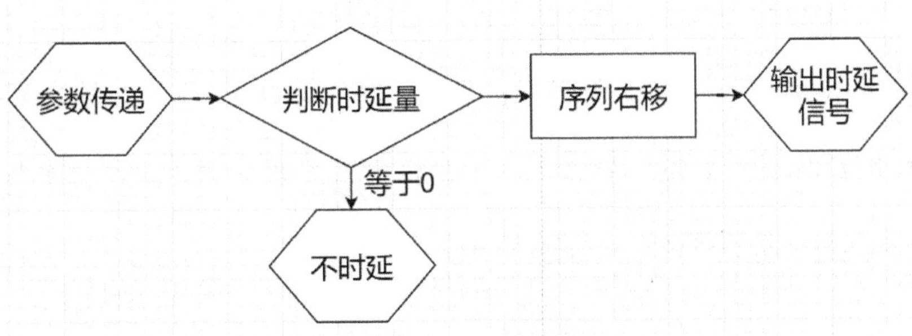

图 5.15　delay 函数的实现流程

delay 函数的程序代码：

```
% delay.m
% 此函数用以实现信号的延迟传输
function [iout,qout] = delay ( idata, qdata , nsamp , idel )
% idata 输入序列实部
% qdata 输入序列虚部
% iout 输出序列实部
% qout 输出序列虚部
```

```
% nsamp 仿真的抽样值数量
% idel 延迟的抽样值数量
iout=zeros（1,nsamp）;
qout=zeros（1,nsamp）;
if idel ~= 0
    iout（1:idel）= zeros（1,idel）;
    qout（1:idel）= zeros（1,idel）;
end
iout（idel+1:nsamp）= idata（1:nsamp-idel）;
qout（idel+1:nsamp）= qdata（1:nsamp-idel）;
```

（10）fade 函数。该函数实现信道衰落，程序先计算了 IQ 两路的衰落系数，再根据主程序预先设置好的参数 flat 选择是否进行平坦衰落，最后计算出输出结果。fade 函数的实现流程如图 5.16 所示。

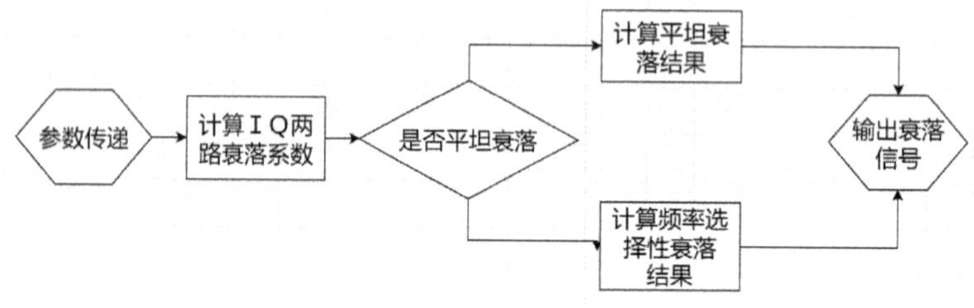

图 5.16　fade 函数的实现流程

fade 函数的程序代码：

```
%fade.m
% 此函数实现信道的衰减设计
function [iout,qout,ramp,rcos,rsin]=fade（idata,qdata,nsamp,tstp,fd,no, counter,flat）
% idata 输入序列实部
```

```
end
```

（11）comb2 函数。

comb2 函数的程序代码：

```
%comb2.c
% 此函数实现信道的高斯白噪声
function [iout, qout] = comb2(idata, qdata, attn)
% idata  输入序列实部
% qdata 输入序列虚部
% iout 输出序列实部
% qout 输出序列虚部
% attn 根据信噪比得到的信号衰减水平
v = length（idata）;
h = length（attn）;
iout = zeros（h,v）;
qout = zeros（h,v）;
for ii=1:h
    iout（ii,:）= idata + randn（1,v）* attn（ii）;
    qout（ii,:）= qdata + randn（1,v）* attn（ii）;
end
```

该函数对输入信号叠加高斯噪声。程序利用 matlab 库函数 rand 产生标准正态分布的随机数并乘上信号衰减水平得到高斯噪声，叠加在输入信号上获得输出信号。

```
%despread.m
```

```
% 此函数实现数据的解扩
function [iout, qout] = despread（idata, qdata, code1）
% idata 输入序列实部
% qdata 输入序列虚部
% iout 输出序列实部
% qout 输出序列虚部
% code1 扩频码序列
switch nargin
    case { 0 , 1 }
        error（‘lack of input argument’）;
    case 2
        code1 = qdata;
        qdata = idata;
end
[hn,vn] = size（idata）;
[hc,vc] = size（code1）;
vn = fix（vn/vc）;
iout = zeros（hc,vn）;
qout = zeros（hc,vn）;
for ii=1:hc
    iout(ii,:)=rot90(flipud(rot90(reshape(idata(ii,:),vc,vn)))*rot90(code1(ii,:),3));
    qout(ii,:)=rot90(flipud(rot90(reshape(qdata(ii,:),vc,vn)))*rot90(code1(ii,:),3));
end
```

（12）qpskdemod 函数。该函数实现 QPSK 解调，与 QPSK 调制相反，进行并串变换，由于调制过程中没有进行载波调制，所以解调过程也不需要载波解调。qpskdemod 函数的实现流程如图 5.18 所示。

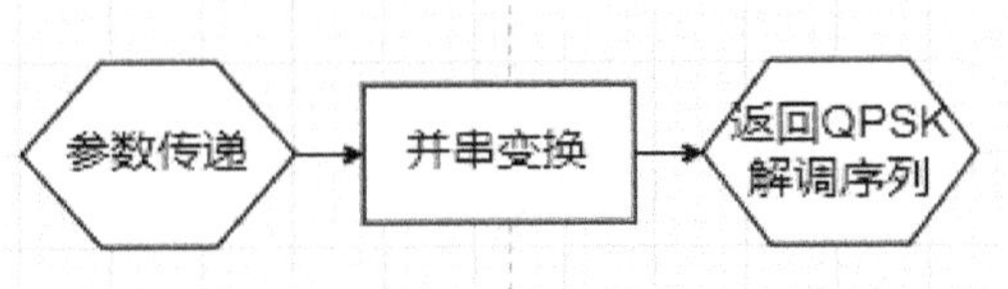

图 5.18　qpskdemod 函数的实现流程

qpskdemod 函数程序代码：

```
% qpskdemod.m
% 此函数实现 QPSK 解调
function [demodata]=qpskdemod（idata,qdata,para,nd,ml）
%idata 输入数据的实部
%qdata 输入数据的虚部
%demodata 解调后的数据
%para 并行的信道数
%nd 输入数据的个数
%ml 调制阶数
demodata=zeros（para,ml*nd）;
demodata（(1:para)，(1:ml:ml*nd-1)）=idata（(1:para)，(1:nd)）>=0;
demodata（(1:para)，(2:ml:ml*nd)）=qdata（(1:para)，(1:nd)）>=0;
```

5.6.3 DS-CDMA 参数设置

(1) 仿真 I 的参数设置与结果 (见图 5.19)。

码元个数：100

符号速率：100000

信噪比范围：-5db ~ 10db

用户数：2

PN 码类型：m 序列

移位寄存器阶数：3(扩频增益 7)

信道考虑频率选择性衰落

单次仿真次数：100

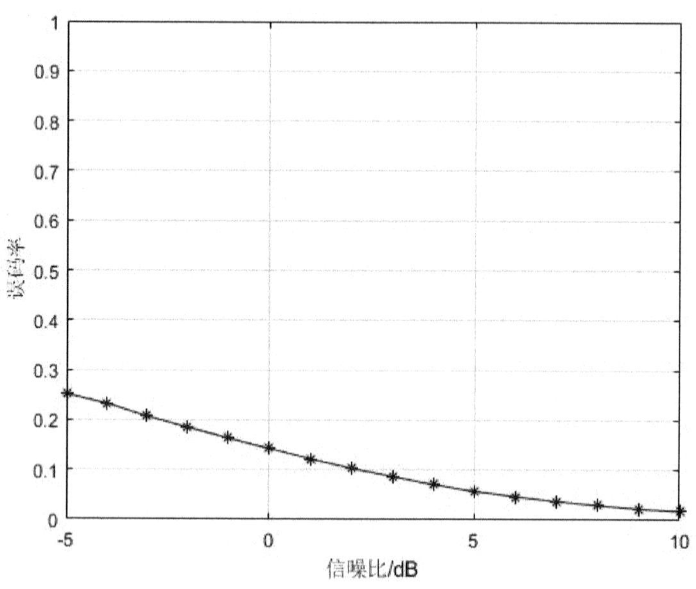

图 5.19　仿真 I

(2) 仿真 II 的参数设置与结果（见图 5.20）。

码元个数：100

符号速率：100000

信噪比范围：-5db ~ 10db

用户数：2

PN 码类型：m 序列

移位寄存器阶数：10（扩频增益 1023）

信道考虑频率选择性衰落

单次仿真次数：100

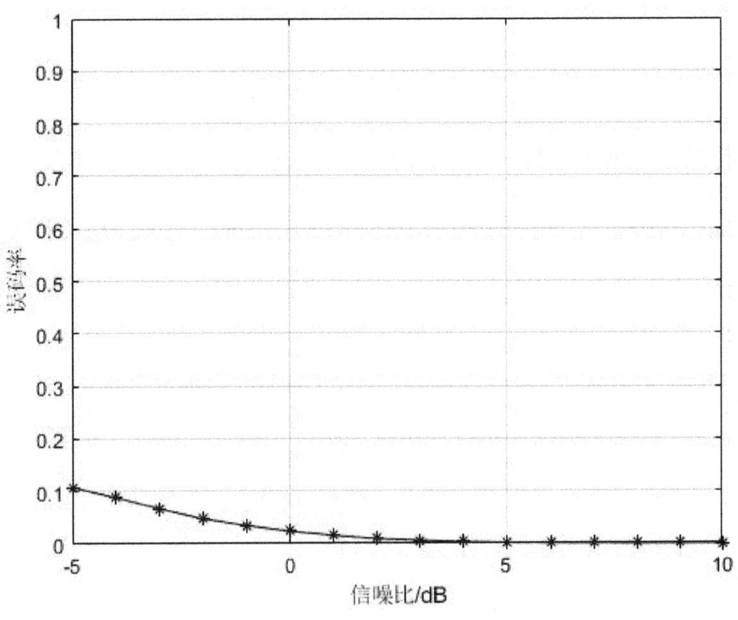

图 5.20　仿真 II

5.6.4 仿真分析

香农定理即公式（1.1）：$C = B\log_2 1+\frac{S}{N}$ 。根据图 5.19 和图 5.20 的仿真结果，两次仿真得到的误码率都随信噪比的增大而减小，通信质量得到提高，跟香农定理的结论一致。对比两次仿真，仿真Ⅱ提高了扩频增益，增加了信号传输带宽 *B*，结果得到的误码率明显低于仿真Ⅰ，说明随着传输带宽的增大，信道容量也增加，通信质量得到提高。

5.7 本章小结

本章介绍了直接序列扩频通信的结构组成，然后选取应用实例 DS-CDMA，论述了通信系统的工作原理，通过 MATLAB 编程完成 DS-CDMA 通信系统仿真。

第 6 章
水声扩频通信仿真

水声通信是基于水声信道的无线通信，由换能器等硬件组成。换能器发出的声波频率越低，传输距离越远。低频（<200 Hz）声波能够在海水中传输几百千米，即使 20 kHz 以上的高频声波，衰减速度也只有 2 ~ 3 dB/km，跟衰减极快的电磁波相比，具有不可替代的显著优势。但是，水声信道具有复杂性和时变性，陆上很成熟的无线通信技术，对水声通信往往效果不佳或者根本无用。水声信道的最大特点是噪声多而强，经常淹没有用信号，严重干扰水声通信质量。针对水声通信十分棘手的噪声问题，扩频为克服噪声提供了十分理想的解决方案，水声扩频通信已成为近年来水声通信领域的研究热点。本章论述水声直接序列扩频通信的工作原理和仿真方法以达到克服噪声的目的。

6.1　水声直接序列扩频通信简介

水声直接序列扩频（Underwater Acoustic Direct Sequence Spread Spectrum, UA-DSSS）通信系统的典型结构如图 6.1 所示，包括通信信源、信息调制、扩频调制、水声信道、扩频解扩和信息解调等，其中的信道为水声信道，包括发射和接收双向换能器等硬件。

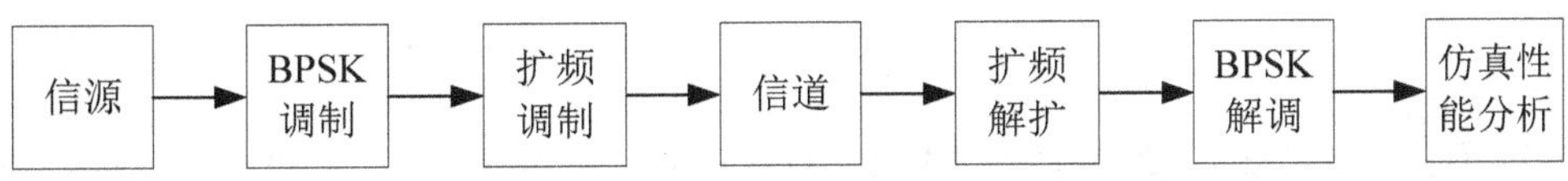

图 6.1　UA-DSSS 的基本结构

下面的模块叙述，引用 MATLAB 仿真模块的名称，其中表示信源的码元个数的模块名称为 trans_bits_num，由函数 randint(1, trans_bits_num) 随机产生，扩频码长度为 N_chip；信道采用多途水声信道，包含高斯类型白噪声。BPSK_DSSS 调制，采用二进制相移键控 BPSK 数字载波调制，用码长为 N_chip 的扩频码映射“0”和“1”信息，如图 6.2 所示。

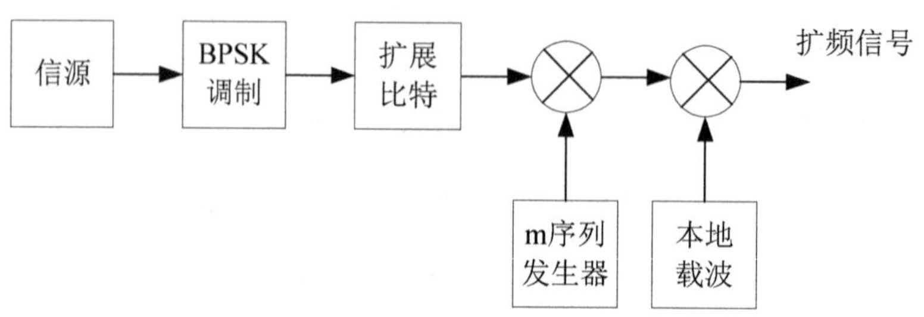

图 6.2　BPSK_DSSS 调制原理

BPSK_DSSS 解调直接跟解扩配对，通过滤波降噪和积分判决，最后产生解码信号，如图 6.3 所示。

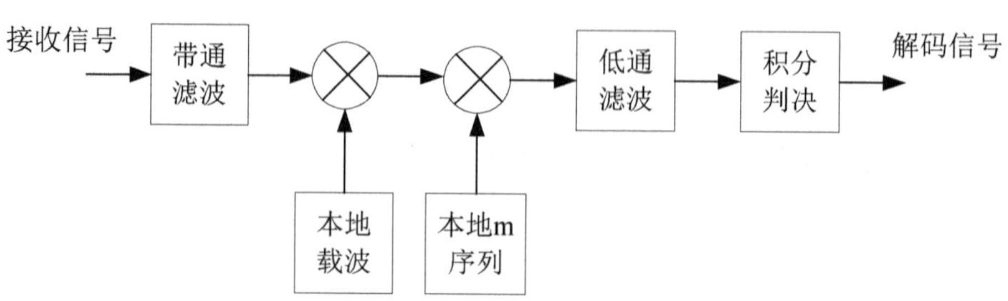

图 6.3　BPSK_DSSS 解调原理

6.2　UA-DSSS 的 m 文件仿真

本节的 UA-DSSS 仿真采用 MATLAB 软件，通过编写 m 文件实现通信功能，仿真程序包括 PN 码、信道噪声、扩频调制、解扩解调等 m 文件。总体仿真文件的代码见附件 2，下面解释编写的各仿真模块的 m 文件。

6.2.1　PN 码的 m 文件

```
function PN_Seq=PN_Gen（r）;% r 是移位寄存器阶数 ;% N 是产生 m 序列长度
N=2.^r-1;
warning（‘off’,’ comm:seqgen:pn:GenPolyNotPrimitive’）
if r<2
    error（‘移位寄存器的阶数必须大于 2’）
elseif r>13
    error（‘移位寄存器的阶数必须小于 13’）
elseif r == 2
    x = [7];
elseif r == 3
    x = [13];
elseif r == 4
    x = [23];
elseif r == 5
    x = [45 75 67];
elseif r == 6
    x = [103 147 155 141 163 133];
elseif r == 7
    x = [211 217 235 367 277 325 203 313 345 ...
        203 361 271 357 375];
elseif r == 8
```

```
        x = [453 551 747 453 545 543 537 703];
    elseif r == 9
        x = [1021 1131 1461 1423 1055 1167 1541 1333 1605 1751 1743 ...
             1617 1553 1157 1751 1563 1713 1175 1225 1275 1773 1425 1267];
    elseif r ==10
        x= [2011 2415 3771 2157 2773 2033 2443 2461 ...
            3543 2745 2431 3177 2617 3323 3507 2707];
    elseif r ==11
        x = [4005 4445 4215 4055 6015 7413 4143 4563 4053 5023 5623 4577 6233 ...
             6673 7237 7335 4505 5337];
    elseif r ==12
        x = [10123 15647 16533 16047 11015 14127 17673 13565 15341 15053
    15621];
    elseif r = = 13
        x = [20033 23261 24623 23517 35051 34723 34047 32535 31425 33763 25745];
    end
    fbconnection = de2bi (oct2dec (x (1))) ;
    fbconnection = fbconnection(end - 1 : - 1 :1);
    n = length(fbconnection);
    N = 2^n - 1 ;
    register = ones(1 , n);
    PN_Seq = zeros(1 ,N);
    PN_Seq(1)= register(n);
```

```
for i = 2 :N ;
    newregister(1) = mod(  sum(fbconnection.*register),2);
    for j = 2 :n
        newregister(j) = register(j - 1);
    end
    register = newregister ;
    PN_Seq(i) = register(n);
End
```

产生 PN 码的另一种代码如下：

```
% y = oct2dec （x （1））；
% Genpoly = de2bi （y）；
% h = seqgen.pn （‘Shift’，0）；
% set （h,’ GenPoly’，（Genpoly））；
% set （h, ‘NumBitsOut’,N）；
% PN_Seq = generate （h）；
```

6.2.2　高斯噪声的 m 文件

```
function Signal_noise=guassnoise （Eb_No_dB,Signal,B,Fs）
% 根据信噪比产生高斯白噪声序列 ;%Eb_No_dB 带内信噪比 ;
%Signal 输入信号; %B 输入信号的带宽;
%Fs 采样率 ;%Signal_noise  输出信号，叠加白噪声
Signal = reshape （Signal,[],1）；
length_noise = length （Signal）；
```

```
snr = Eb_No_dB-10*log10(Fs/（2*B））; % snr=Eb_No_dB;
linear_Eb_No_dB = 10^（snr/10）; % 定义线性信噪比
transmit_signal_power = var（Signal）;
noise_sigma = transmit_signal_power/linear_Eb_No_dB;
noise_scale_factor = sqrt（noise_sigma）; % 标准差 sigma
realnoise = randn（length_noise,1）.*noise_scale_factor;
% 产生正态分布噪声序列实部
imagnoise = randn（length_noise,1）.*noise_scale_factor;
% 产生正态分布噪声序列的虚步
noise = complex（realnoise,imagnoise）;% 复噪声序列
Signal_noise = Signal+realnoise;
```

6.2.3 基于 m 文件的仿真结果

根据图 6.1、图 6.2 和图 6.3 的结构图，通过 MATLAB 仿真得到水声直扩系统的发射端原始数据星座图，该星座图如图 6.4 所示。

图 6.5 和图 6.6 是水声 DSSS 系统发射信号的时域波形和频谱，在没有噪声干扰情况下二相调制的相位跳变及双峰基带谱清晰可见。

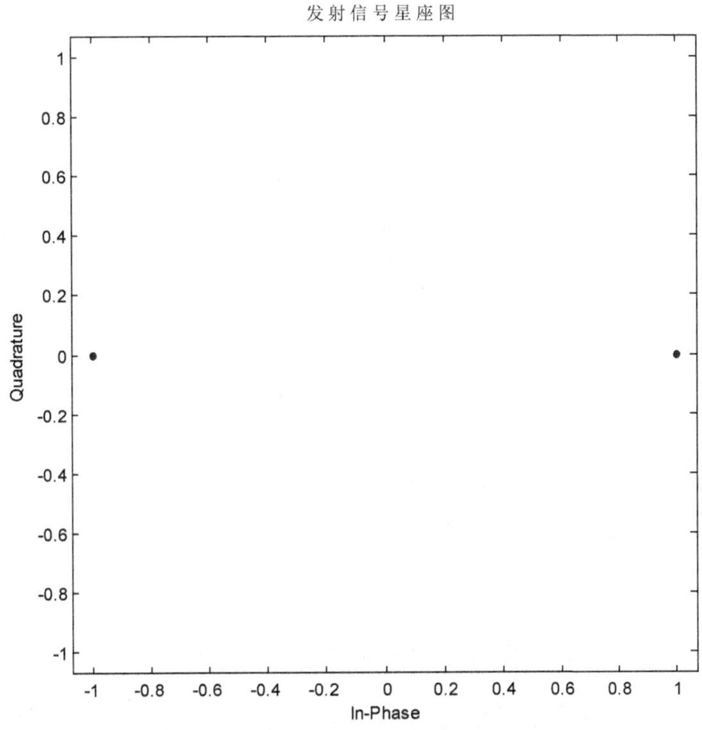

图 6.4　水声 DSSS 系统发射信号星座图

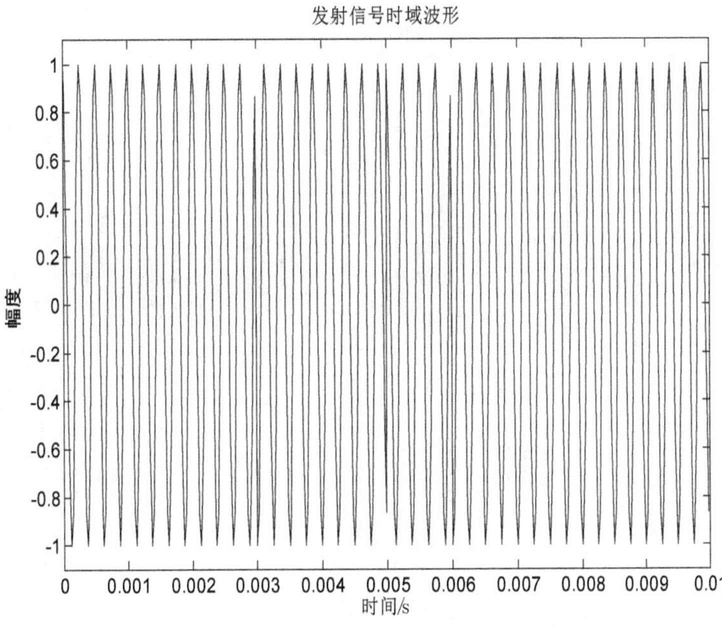

图 6.5　水声 DSSS 系统发射信号的时域波形

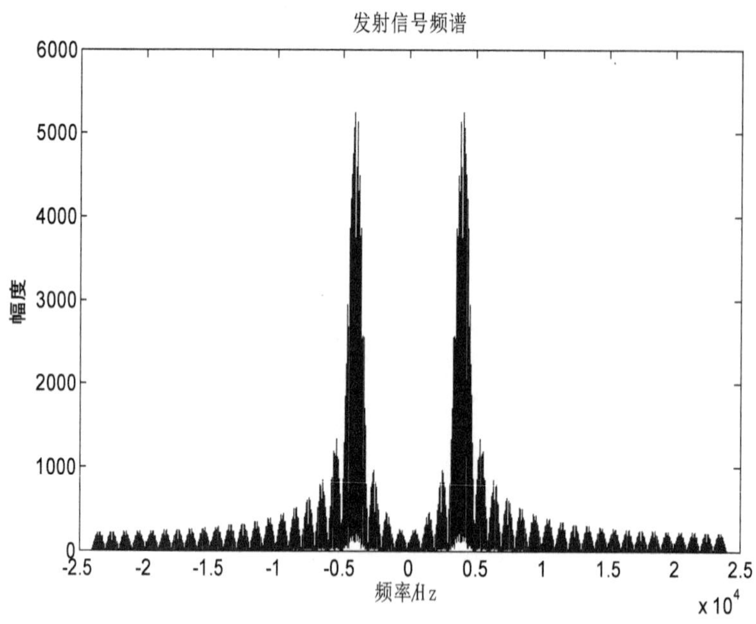

图 6.6　水声 DSSS 发射信号的频谱

接收信号的波形（经多径信道设置和高斯噪声添加）如图 6.7 图 6.8 和图 6.9 所示。

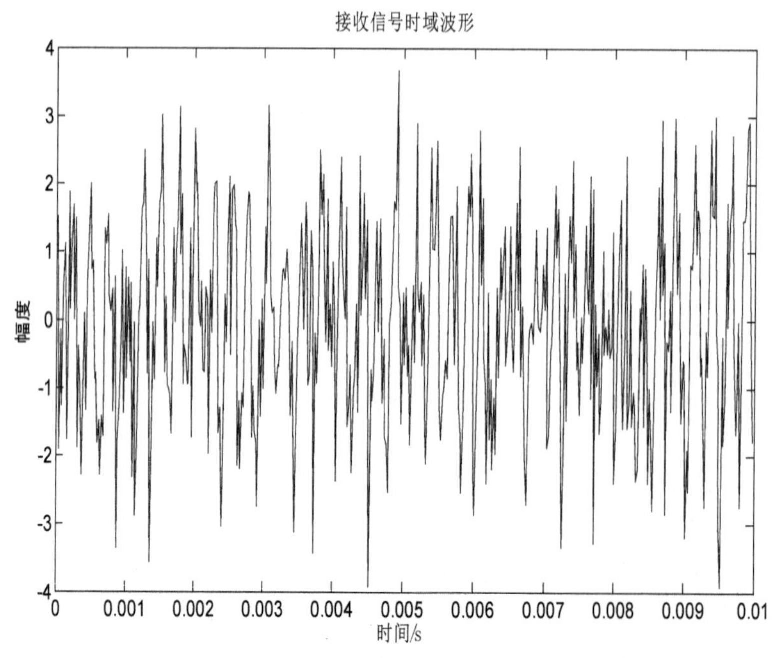

图 6.7　水声 DSSS 接收信号的时域波形

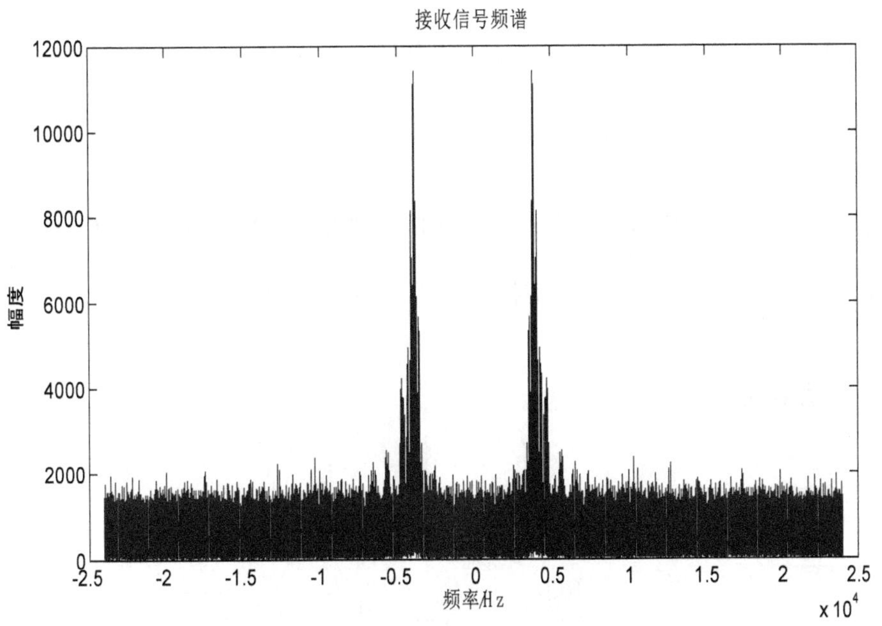

图 6.8　水声 DSSS 接收信号的频谱

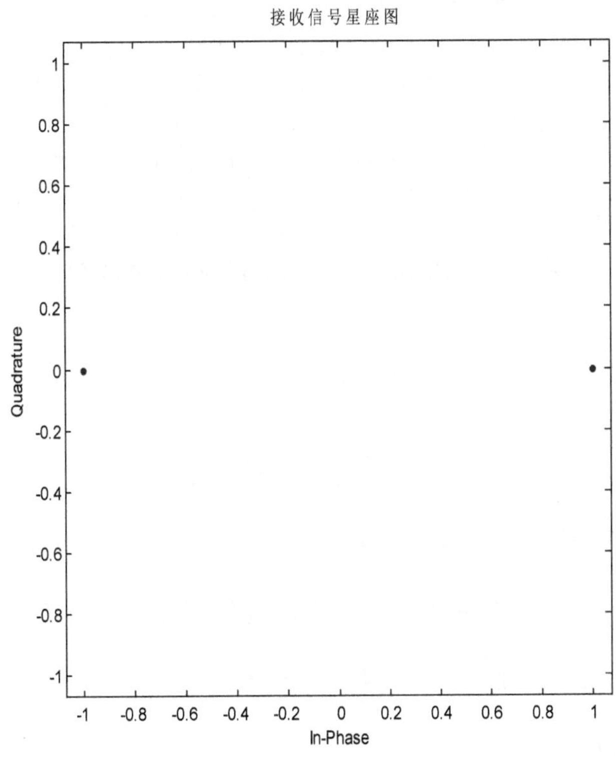

图 6.9　水声 DSSS 接收信号的星座图

6.3 UA-DSSS 的 SIMULINK 仿真

本节的 UA-DSSS 仿真采用 MATLAB 软件的 SIMULINK 模块，通过调用 PN 码、信道噪声、扩频调制、解扩解调等模块，通过参数设置完成仿真。

6.3.1 仿真模型

仿真模型如图 6.10 所示。

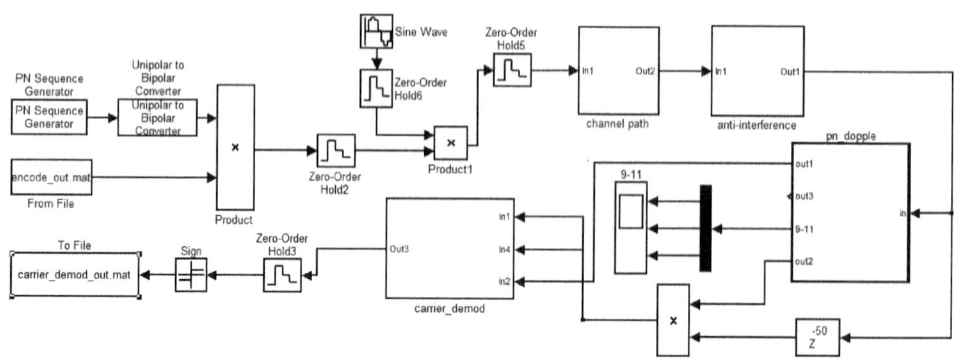

图 6.10　UA-DSSS 的 SIMULINK 仿真模型

6.3.2 仿真分析

UA-DSSS 仿真系统中，我们运用二进制码元“0”和“1”作为信源符号。实际应用中往往需要传输视频、图片、音频等，需要将原始的各种信息载体转换为“0”和“1”编成的二进制或者十六进制数据载体。下面介绍如何将图片转换为 16 进制数据。我们在线下载二进制图像互换软件，打开软件（无须解压），如图 6.11 所示。

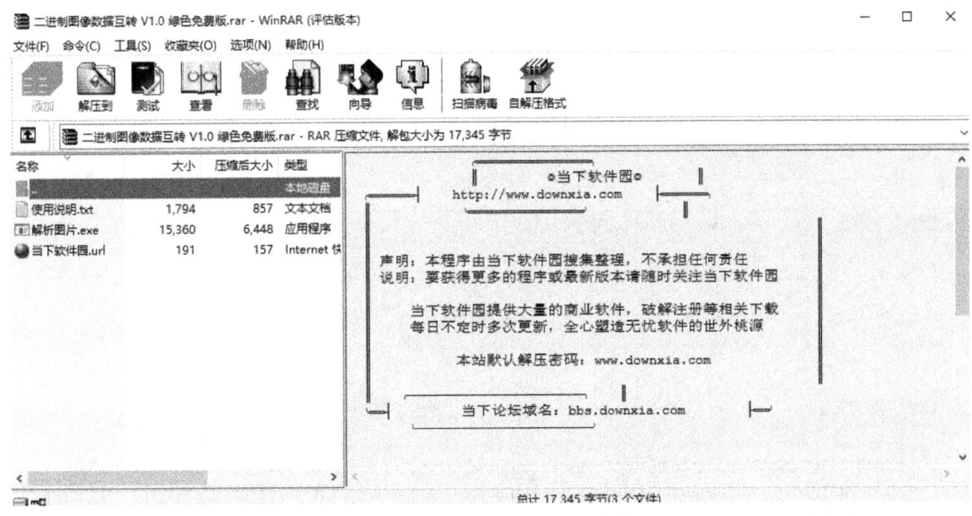

图 6.11　二进制图像互换软件打开图

双击图片解析程序，解析图片 .exe 打开后，进入选择界面，如图 6.12 所示。

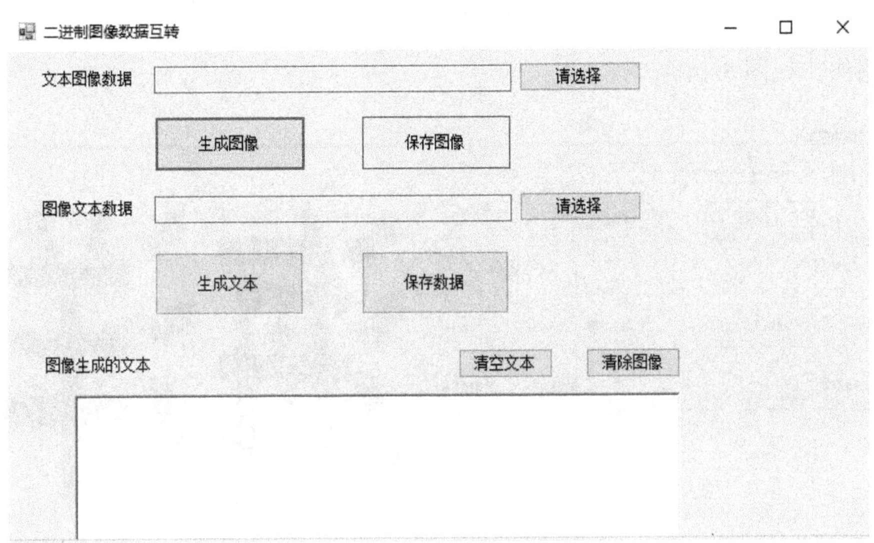

图 6.12　软件选择界面

在图 6.12 界面中，可以选择图像文本数据，点击“请选择”按钮，选择一个 .jpg 格式的图片生成十六进制数据，或者选择一个 .txt 格式的十六进制数据文件来产生对应图像。图 6.13 为选择图像后生成的数据。

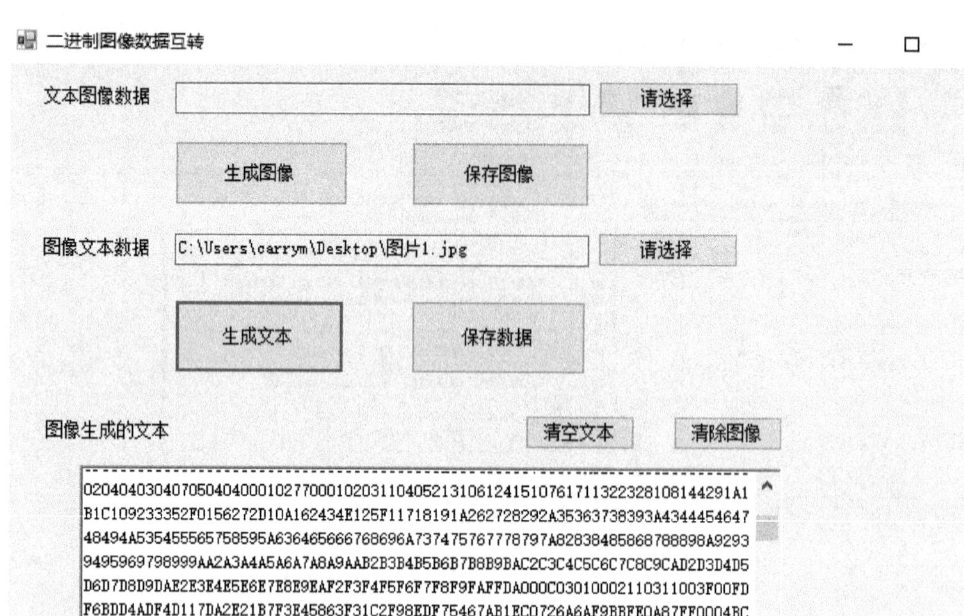

图 6.13　图像生成数据图

同理，可以将生成的保存后的十六进制数据作为文本图像文件，还原相对应的图像，如图 6.14 所示。

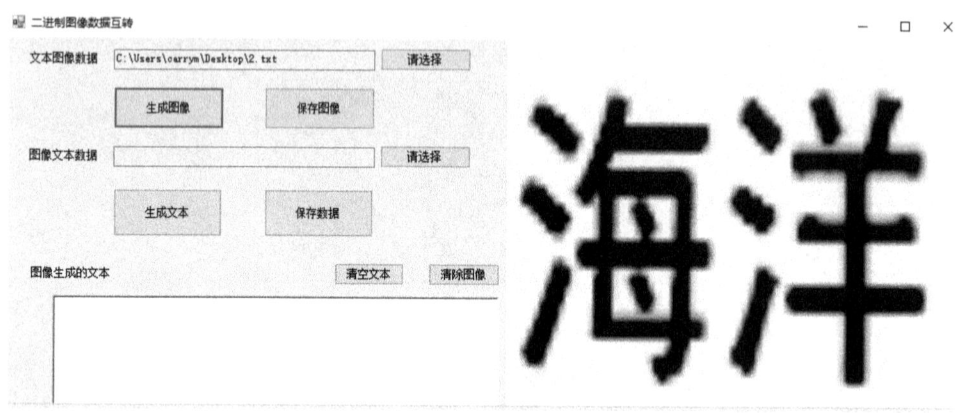

图 6.14　文本转换为图像示例

6.4 本章小结

本章论述了水声 DSSS 系统的结构组成和工作原理，应用 MATLAB 软件，分别通过 m 文件编写和 SIMULINK 模块搭建，进行水声直接扩频仿真。结合实际水声通信传输图片的需求，介绍了图形与二进制码的转换操作方法。

第7章
水声扩频通信实验

本章通过水声扩频通信实验，研究水声信道的随机性、时变性、误码率对水声通信质量的影响，包括理论基础、实验平台、实验方法和实验结果等。

7.1　理论基础

本章的实验内容用到PSK、FSK、DSSS等通信理论，以及跟DSSS互补的OFDM调制解调原理。PSK、FSK、DSSS等已在前面章节叙述，下面简述OFDM的原理。

7.1.1　OFDM调制

正交频分复用（Orthogonal Frequency Division Multiplexing，OFDM）是多载波调制MCM（Multi Carrier Modulation）的一种，它通过频分复用实现高速串行数据的并行传输，支持多用户接入，具有较强的抗多径衰弱能力。OFDM将高速的串行信息转变为慢速的并行信息，通过多个正交子载波传输信号，很符合水声通信码元速率不能很高（防止码间串扰）但依然渴求高速通信的实际需求，因此从原理上来说DSSS+OFDM是实现水声通信的绝配。

OFDM的工作原理如图7.1所示，其中子载波调制采用QPSK方式。在传统的水声通信调制方式中，经常出现频带利用率低的问题，但是OFDM具有较高的频带利用率，同时支持灵活的选频方案，便于管理每个子载波的调制方式。OFDM仿真包括信源、OFDM调制（包含子载波调制）、信道、OFDM解调、仿真性能分析等模块，如图 7.2 所示。

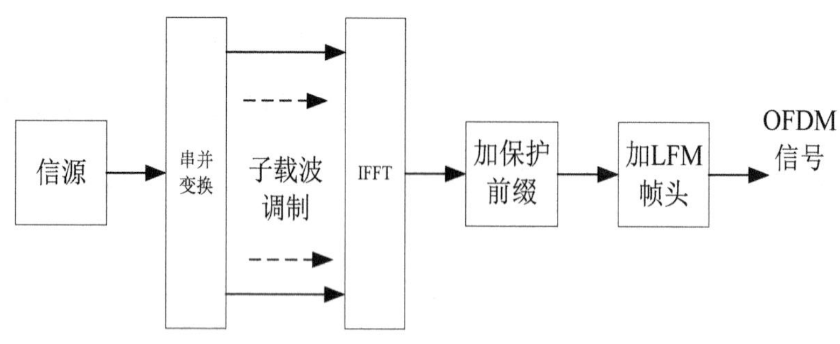

图 7.1　OFDM 调制原理

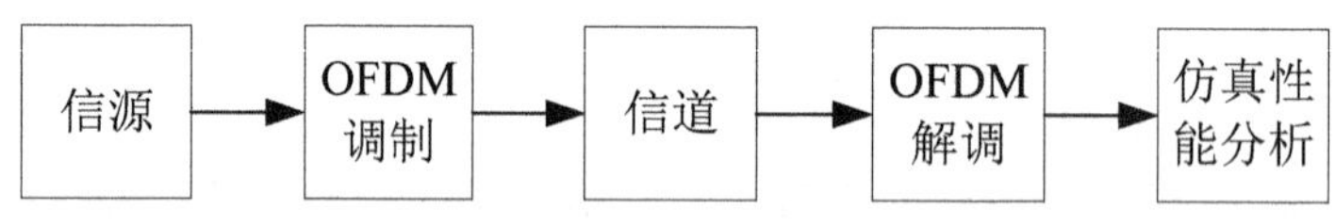

图 7.2　OFDM 的工作原理

OFDM 各相邻子载波的频率间隔，若等于最小间隔 $\Delta f = 1/T_s$，其中 T_s 表示码元持续时间，则满足正交性条件，此时即使各子载波的频带密集重叠分布，接收端仍能分离出各路信号。设 OFDM 系统包括 N 路子载波，每路信号均采用 QPSK 调制，即 N=4，则 OFDM 的频带宽度如公式 (7.1) 所示：

$$B_{b/OFDM} = 2\frac{N+1}{N} \tag{7.1}$$

当 N 很大时：$B_{b/OFDM} \approx 2(b/s \cdot Hz)$。

当采用单载波 QPSK 传输时，频带利用率为：$B_{b/M} = 1(b/s \cdot Hz)$。

并行 OFDM 和串行单载波相比，频带利用率大约提高 1 倍。OFDM 相邻码元之间增加一个保护间隔使相邻码元分离，能够进一步降低码间串扰。实际中，OFDM 信号采用多进制、多载频，并行传输后传输码元的持续时间大大增长，能够有效提高信号的抗多径传输能力。

7.1.2　OFDM 解调

OFDM 解调与调制相对应，解调原理如图 7.3 所示。

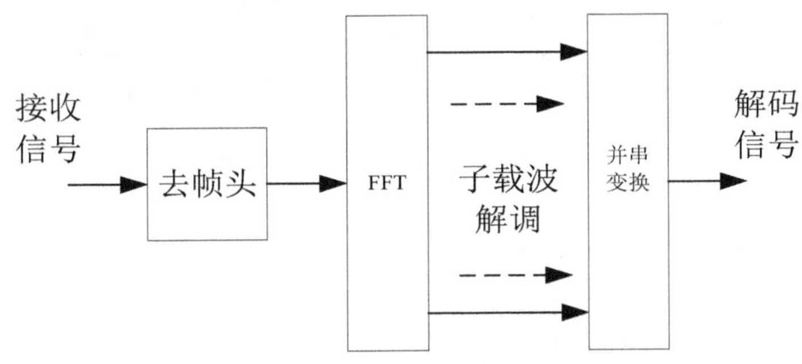

图 7.3　OFDM 的解调原理

7.2　实验设备

实验设备包括换能器、控制主机、计算机和显示器等，主要部件有 NI 采集卡、功放板、前放板、收发合置电路板和收发合置换能器等，详细的实验设备及其操作按钮如图 7.4 所示。

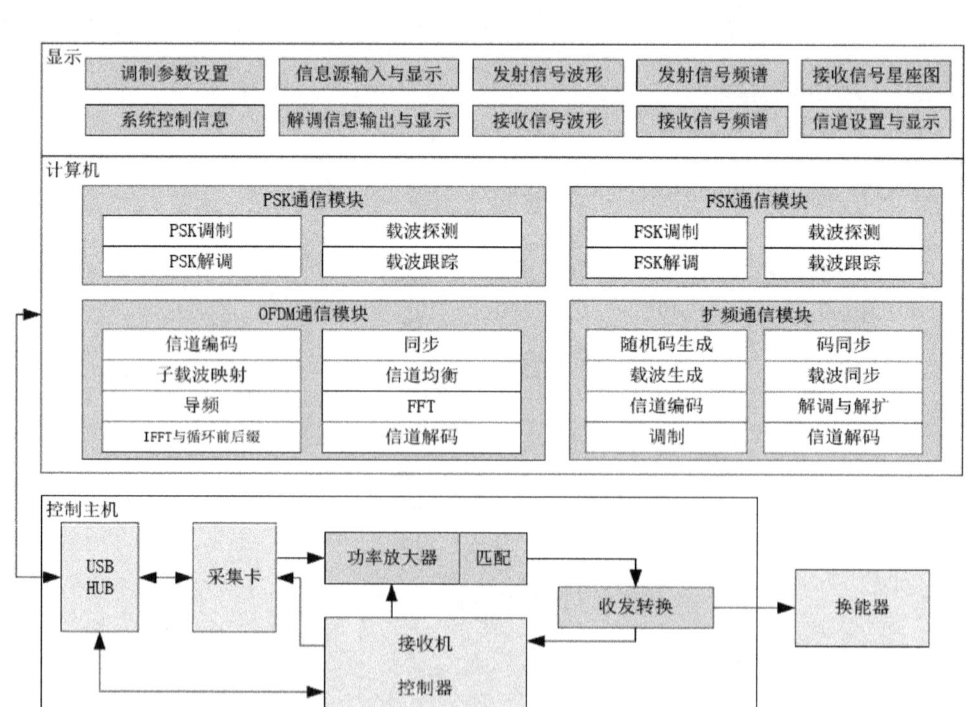

图 7.4　水声通信设备的硬件结构

实验中换能器需要 2 个，每个加线后总长达到 10 m；水声通信设备 2 个，USB 数据线 2 个，竿 1 对，工作站 1 组。水声通信设备的前面板如图 7.5 所示，面板上“切换”旋钮控制收发功能切换，扳到中间挡即空挡，表示信号收发停止。实验过程中一个换能器发射声信号时，另一个换能器充当水听器接收声信号，接收到的信号传送给水声通信设备进行处理，再将处理结果储存于通信工作站。

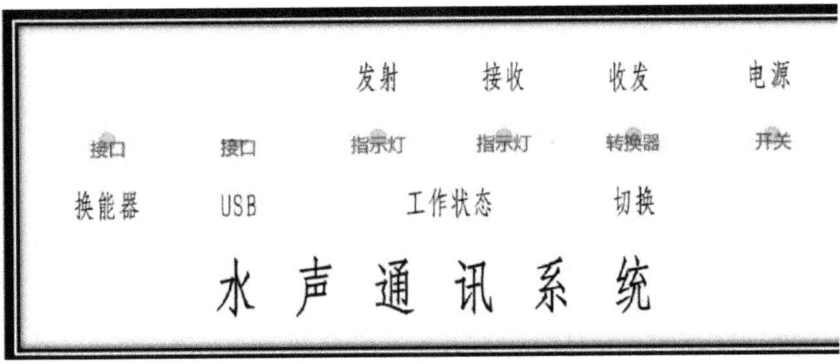

图 7.5　水声通信设备的前面板

面板上“USB”通过电缆与 PC 相连，“换能器”通过换能器专用电缆与换能器组件连接，“电源”连接 220 V 电源。设备接线如图 7.6 所示。

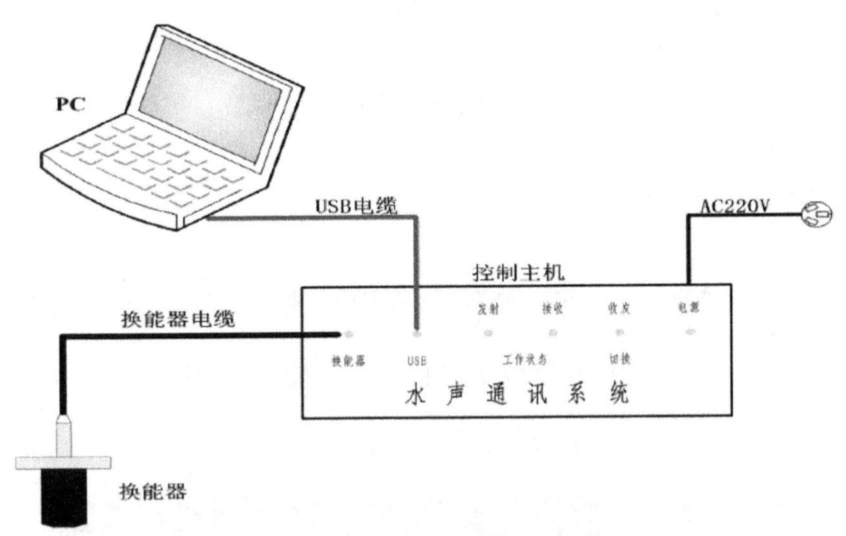

图 7.6　水声通信设备的接线图

换能器工作频带为 35 ~ 45 kHz，声源级大于 175 dB，指向性为全指向，换能器形式为镶频圆环，耐压大于 0.5 MPa，同时带有安装法兰。控制主机的电气结构如图 7.7 所示，内部结构不再详述。

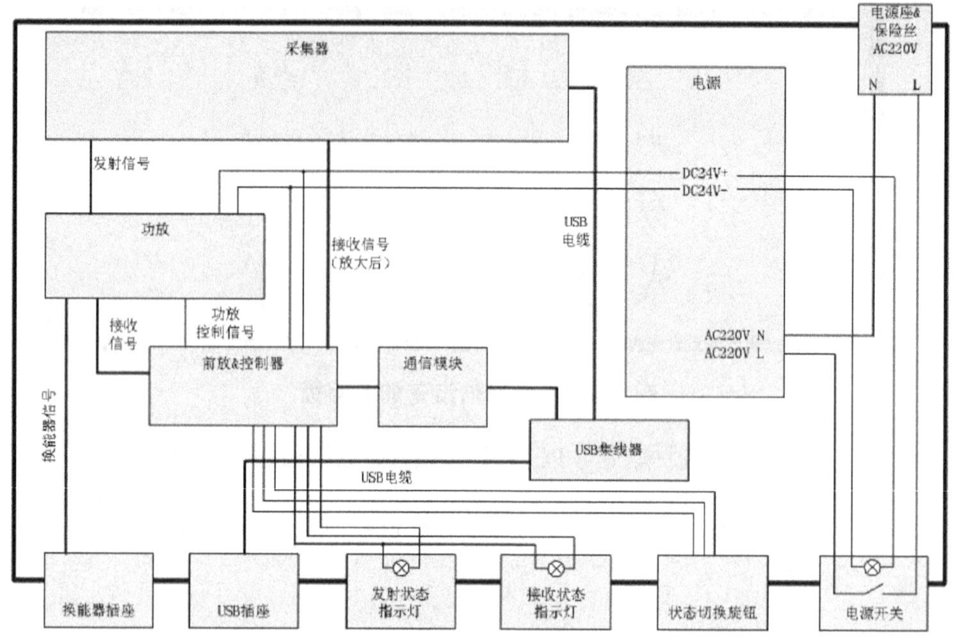

图 7.7　水声通信控制主机的电气结构

7.2.1　软件平台

实验所需软件平台包括发射控制平台和接收控制平台两部分，两个软件平台均包含 PSK、FSK、DSSS 和 OFDM 四部分功能。下面以 DSSS 为例介绍软件的操作方法，首先是发射控制软件平台，如图 7.8 所示。

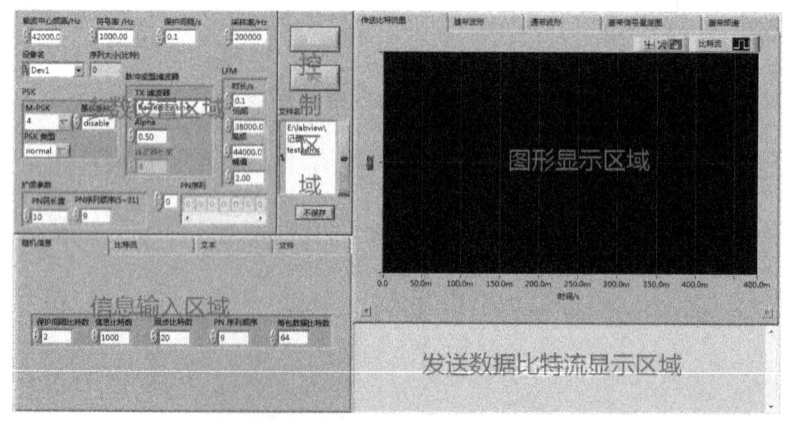

图 7.8　DSSS 发射控制面板

DSSS 发射控制面板包括下面五个区域:

(1) 参数设置区域。分为基本参数、PSK 参数、脉冲成型参数、线性调频同步头、扩频参数和 PN 序列共六部分。其中，内部为灰色的数据框只能显示不能设置。每次实验前，需要输入具体的设备采集卡通道，本实验的信号发射使用 0# 通道，信号接收使用 14# 通道。

(2) 控制区域。“开始”和“停止”按钮分别表示控制程序的开始和停止;“文件名”框显示数据保存路径和文件名，需要选择已有的文件;“不保存”按钮为不保存文件的开关。

(3) 信息输入区域。包括随机信息、比特流、文本和文件等选项卡，随机信息能够快速设置信息总比特数，仅仅用作发射端信号演示，其余选项包含解调同步信息，显示解调结果等。

(4) 图形显示区域。通过切换能够看到传送的比特流、基带波形、通带波形、基带信号星座图及基带频谱。

(5) 发送数据比特流显示区域。可以看到实验者在参数设置区域设置的同步头数据，以及在信息输入区域输入的比特流数据。

DSSS 接收控制面板，包括数据采集和信号处理两部分。数据采集前需要选择所使用的采集卡信号输入的 I/O 通道，本设备默认 14# 通道。一次采集多少个采样点，通常根据一帧接收信号的时长 t 确定，由时长 t 乘以采样率 Fs 即得所需的采样点。每次发射数据前，要求提前按下接收按钮，设备采集到的数据可以不分帧地存为一个 TDMS 文件。

7.2.2　参数设置

水声通信效果跟实验环境关系甚大。本章所述实验环境的参数设置如下。

①普通水池长宽高：20 m × 5 m × 5 m；②六面消声水池长宽高：5 m × 5 m × 5 m；③外场实验主要保证水域深度≥ 5 m，实验水域越开阔越好。下面论述的外场实验，是在浙江省舟山市沈家门海域的科考船（浙科考 1 号）上布放设备和进行的实验，满足≥ 5 m 的水深条件。

7.3 实验步骤

实验之前的准备阶段，我们将水声通信系统的发送换能器和接收换能器通过竿和缆绳悬沉于船舷外水面下 5 m 深以上，如图 7.9 所示。

图 7.9 实验设备及环境

我们分别进行了 PSK、FSK、DSSS 和 OFDM 四种通信调制方式的实验。先开启接收软件，再开启发射软件，具体步骤如下：

（1）换能器放入适当水深处。

（2）换能器电缆插入水声通信设备。

（3）通过 USB 数据电缆连接通信设备与计算机（先连接通信设备，再连接计算机）。

(4) 将电源线插入通信设备机箱背面的电源输入口。

(5) 按下电源按钮，给设备供电。

(6) 通过设备主机箱上的功能旋钮，预设收发状态。

(7) 操作软件平台进行实验。

7.4　实验结果

参数设置及发送的比特流信息如图 7.10 所示，载波频率为 35 kHz，符号率为 1 kHz，保护间隔为 0.05 s，一帧调制信号为 0.3 s，同步头信号为 111111000，采用 QPSK 调制方式。

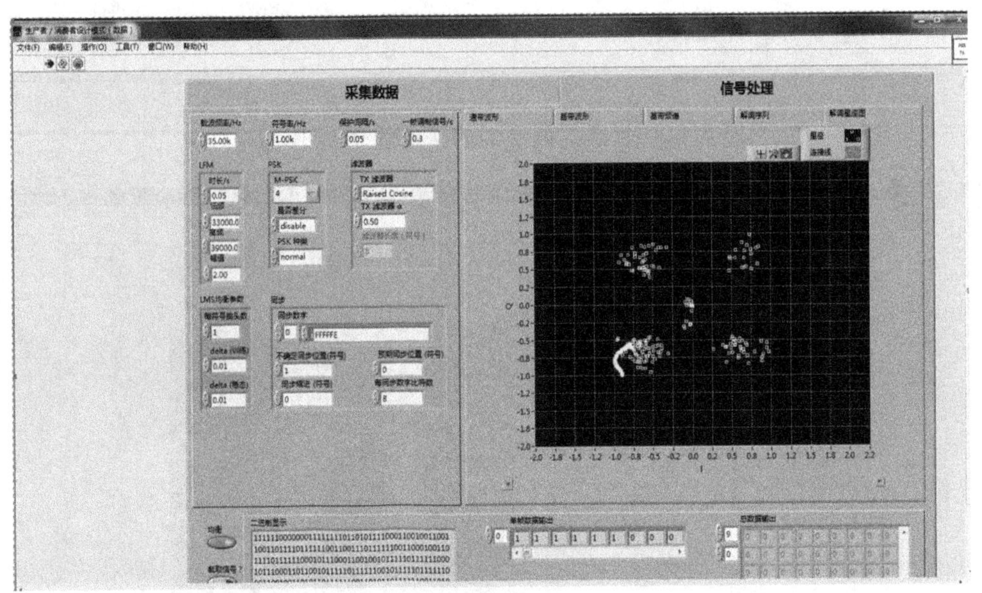

图 7.10　水声扩频通信发射部分的参数设置

根据图 7.10 和图 7.11，载波频率、符号率等数据信息与发送端一致，此处强调接收端应先点接收，然后发送数据才能保证接收数据完整。接收端接收到的数据因为噪声及多径干扰，均衡前信号分布杂乱。点击均衡按钮，接收波形及频谱等信息会更加完整、可靠，图 7.11 为均衡后接收端的星座图，可见实验效果跟预期结果一致。实验得到扩频通信的四种调制方式对应的星座图分布如图 7.12 所示。

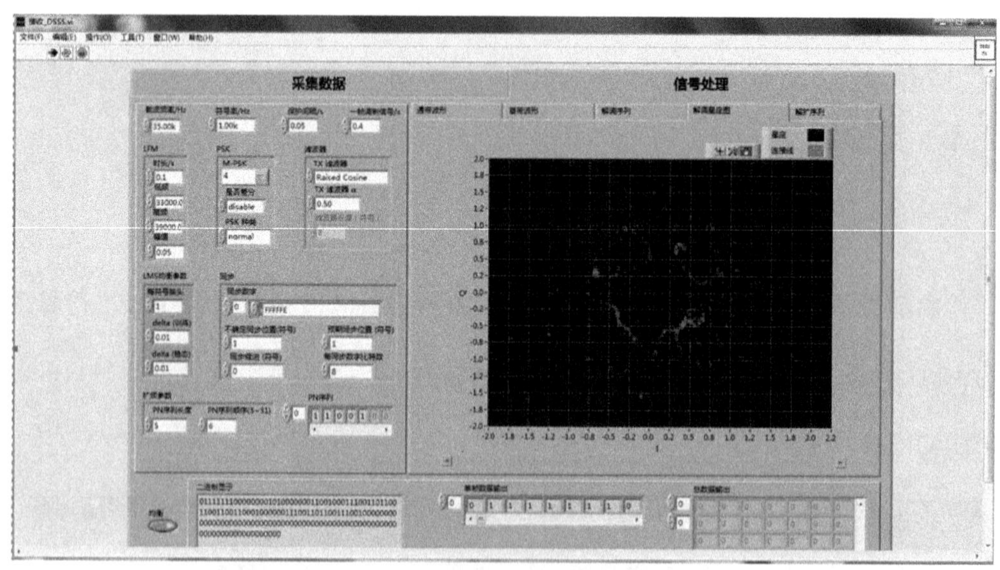

图 7.11　水声扩频通信的接收效果 (均衡前)

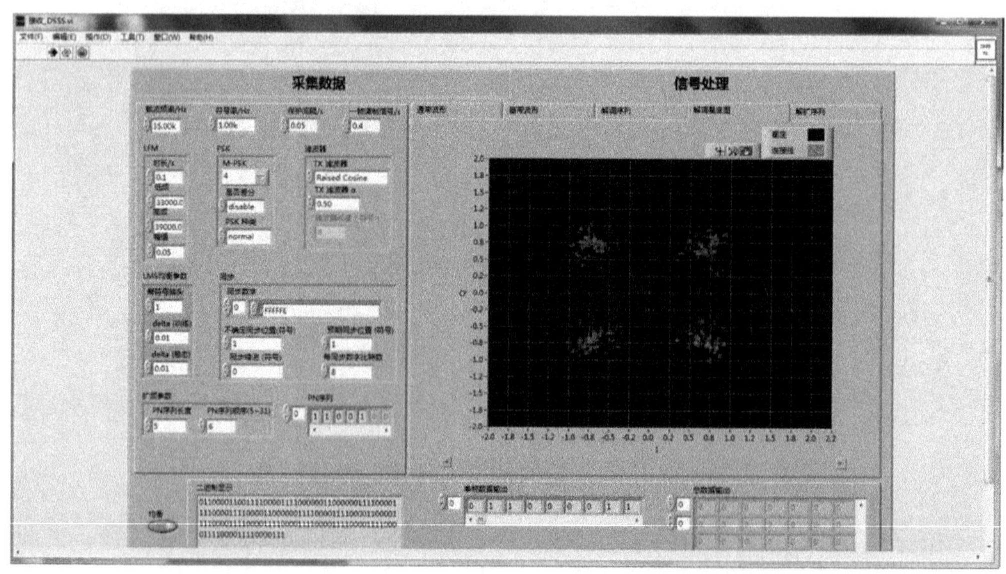

图 7.12　水声扩频通信的接收效果 (均衡后)

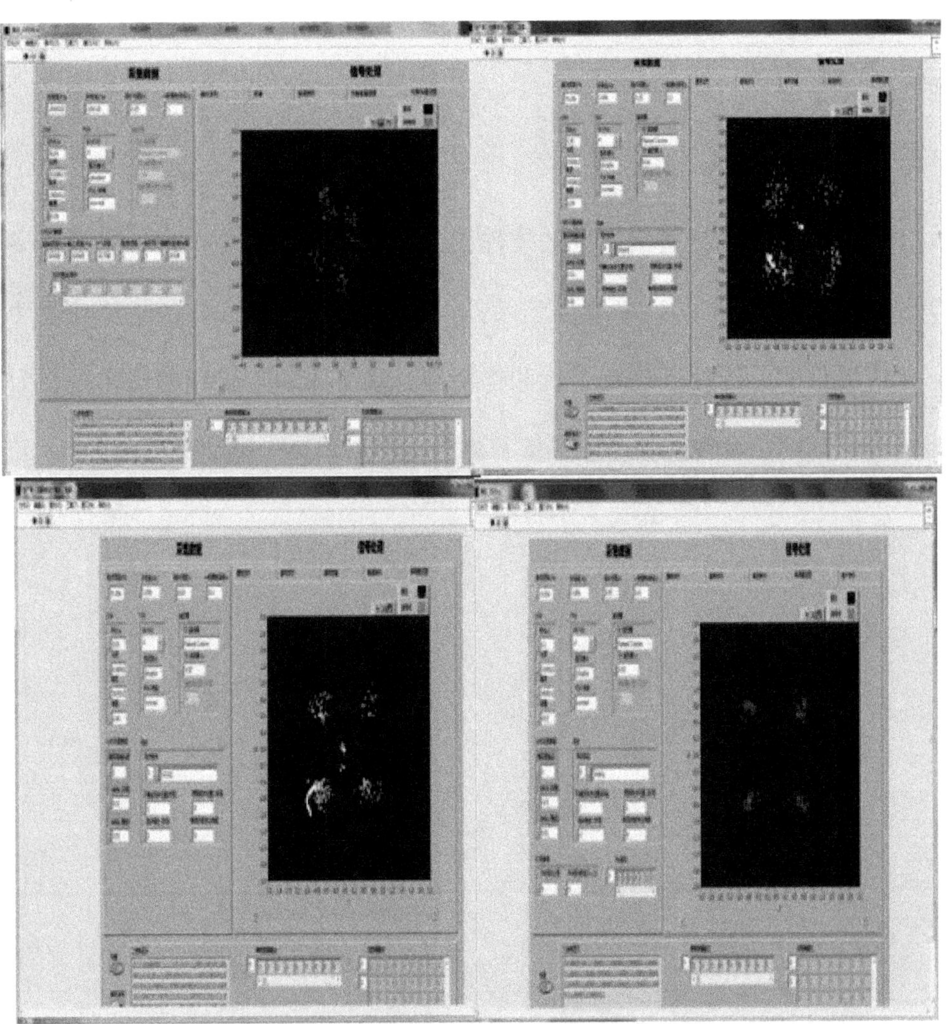

图7.13 DSSS、FSK、QPSK、OFDM调制方式的接收信号星座图

根据图7.13，单独的DSSS水声通信效果并不好，但是OFDM的接收效果最好，这得益于它通过信号串并转换，应用多个正交子载波传输信息。我们在舟山长峙岛码头和室内水槽分别进行了上述实验，发现水声通信对实验环境要求严格，在码头附近海域实验能够找到信号同步头，但同步效果不如海上；在水槽中实验时，我们通过多次实验才能提取少量有用信息，可见噪声影响十分显著。此外，这三种实验环境中，实验效果都是OFDM最佳，OFDM调制在水声实验中能够均衡信号，能够更好地抵御多径干扰以及噪声干扰。

7.5 本章小结

本章论述水声扩频通信实验的硬件设备连接、软件平台操作和实验结果分析等，得到OFDM通信效果最佳的结论，符合水声通信的可靠性和有效性要求。水声通信的关键任务是抗干扰和保密性，这需要通过扩频通信实现。为了满足水声通信的综合性能要求，需要扩频技术和OFDM相结合。

第 8 章
混沌与混沌同步

混沌是确定性动力学中对初值极端敏感的一种动力学行为，运动性质既不规则也不完全随机，是非线性系统在没有外加条件或外来干扰因素存在时，表现出的一种无规则的类随机行为。这种类随机运动改变了人们对于客观事物运动的长期认识（认为物体运动仅存在周期、准周期或定常三种形式），也更为合理地解释了日常生活中普遍发生的运动现象，这些现象不是偶然性行为，而是有结构、有目的的行为。

本章主要论述了混沌及其系统的基础理论，包括混沌的定义、随机性特性，简介了混沌运动的主要运动特点，对常见的混沌映射序列及其特点进行了充分分析、归纳。最后还阐述了几种典型的混沌系统模型，包括系统（既有连续也有离散）的微分方程表示及吸引子图像模型等，为混沌技术应用于水声通信领域提供了一定的理论依据。

8.1　混沌的定义

混沌的基本理论包括混沌的定义、混沌的随机性特征及混沌奇异吸引子。混沌的定义揭示了混沌的基本特性及核心内涵，随机性特性是混沌最基本的特征，也是混沌区别于传统运动形式的关键，它改变了人们对于客观事物运动的长期认识。奇异吸引子与混沌密不可分，了解并深入地学习奇异吸引子为揭示混沌现象的结构与规律奠定了基础。

8.1.1 混沌的起源

混沌发展至今，由于本身的复杂性、奇异性及其具有的奇怪吸引子，在国际上仍然没有公认的、统一的普适性定义，众多研究中对其的阐述大多是从某一侧面反映其特性。比如美国气象学家洛伦兹（E. N. Lorenz）曾指出混沌系统是依赖于初始条件，并对初始条件极端敏感的内在变化的系统。混沌的定义自混沌诞生起便不断衍生，而在众多定义中最为出名且最具影响力的是李天岩博士和他的导师——马里兰大学著名教授 Yorke 教授于 1975 年提出的 Li-Yorke 混沌定义。直到目前，在众多定义中最为常用且最为直观表现混沌特性及内涵的便是 Li-Yorke 定义和 Devaney 定义，下面依次对这两个定义进行详细介绍。

（1）Li-Yorke 混沌定义。设 $I=\left[a,b\right]$，$f(x)$ 是 $I\rightarrow I$ 的连续自映射，$P(f)$ 表示映射的周期点，$\omega(f)$ 表示 f 的 E 个极限点构成的集合，如公式 (8.1) 和 (8.2) 所示

$$P(f)=\{n\geqslant 1,\ f\text{有}\ n\ \text{个周期点}\} \tag{8.1}$$

$$\omega(f)=\{X|X\in I\ \text{且存在}\ x\in I,\ \ X\in\omega\left(x,f\right)\} \tag{8.2}$$

若下列条件均已满足，则称 f 在 I 中是 Li-Yorke 混沌的：

① $P(f)$ 无上界：

②存在 I 中不可数子集 S，如公式 (8.3) 至 (8.5) 所示：

$$(\mathrm{B}_1)\ \lim_{n\to\infty} f^n\left(x\right)-f^n\left(y\right)>0\ ,\ x,y\in\mathrm{S} \tag{8.3}$$

$$(\mathrm{B}_2)\ \lim_{n\to\infty} f^n\left(x\right)-f^n\left(y\right)=0\ ,\ x,y\in\mathrm{S} \tag{8.4}$$

$$(\mathrm{B}_3)\ \lim_{n\to\infty} f^n\left(x\right)-f^n\left(p\right)>0\ ,\ x\in\mathrm{S},P\in P\left(f\right) \tag{8.5}$$

其中，$x\neq y$，$f^0(x)=x$，$f^1(x)=f(x)$，…，根据上述的 Li-Yorke 混沌定义，

可以得到：对一个函数而言，既满足在闭区间上连续，又存在一个周期为 3 的周期点，那么它必定存在任何正整数的周期点，即该函数在区间上是混沌的。

（2）Devaney 定义。20 世纪 80 年代末期，Devaney、Bryant 等人提出了对于混沌的另一个著名的数学定义：

设 X 是一个度量空间。一个连续映射 $f: \mathrm{X} \to \mathrm{X}$ 称为 X 上的混沌，即 f 须满足：

①f 是拓扑传递的；

②f 的周期点在 X 中稠密；

③f 具有对初始条件的敏感依赖性。

上述三个条件分别对应 Devaney 定义的三个基本特性：不可分解性、规律性、不可预测性。这也是混沌运动的普遍特征。

Li-Yorke 定义和 Devaney 定义是混沌定义中应用最广、最为常用且最被科研人员认可的两种定义。但是混沌发展至今，仍然没有世界学术界公认的、统一的数学定义，多数定义的侧重点有所区别，如横截同宿点、Smale 马蹄以及符号动力系统等。但是出现这样的现象也是有原因的：混沌应用在差异很大的不同领域，势必会导致不同的混沌定义。有些专业或领域要求正的奇异吸引子和 Lyapunov 指数、拓扑熵等，缺一不可，而有的只需要其中之一为正。因此也有部分专家学者断定混沌不可能有明确的、统一的定义，这其中就包括突变论的提出者 Thom 和著名学者 J.R. Williams。所以不同领域的研究人员都是在各自的理论基础上不断探索和深入的。

混沌现象改变了人们对于运动形式的长期的固定的认识，同时更加科学合理地解释了日常生活中普遍发生的运动现象，是一种杂乱的，没有顺序和规律的类随机运动。很多的耗散系统，诸如大气、海洋、森林，都是对初始条件极

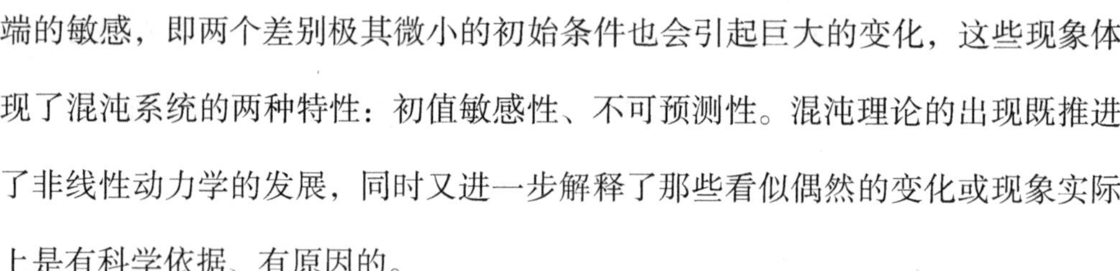
端的敏感，即两个差别极其微小的初始条件也会引起巨大的变化，这些现象体现了混沌系统的两种特性：初值敏感性、不可预测性。混沌理论的出现既推进了非线性动力学的发展，同时又进一步解释了那些看似偶然的变化或现象实际上是有科学依据、有原因的。

8.1.2　混沌的特征

仅从混沌现象的表面上看，其运动是杂乱、随机、没有规律的，与确定性运动存在着很大的不同。确定性运动通常表现为三种形式：周期、准周期或定常。而混沌运动既没有固定的周期，也达不到平衡状态，是一种在确定系统中性态复杂、永不重复且又局限于一定区域的内在随机性的运动。混沌是由确定性系统产生的内在随机性运动，它与随机运动的外在随机性不同，不需要借助任何的外在因素，且随机性质具有区域性和阶段性。

混沌运动由内在结构、物理规律及各项参数确定，与随机运动和传统的线性运动都不同，混沌运动具有以下几个显著特征：

（1）内在随机性和对初值的极端敏感性。如前所说，混沌运动的内在随机性是不借助任何外在因素的，具有阶段性、区域性等特点。混沌状态的产生与外界干扰无关，且其运动轨迹与传统运动形式都不相同，一般情况下轨迹难以确定，表现为随机运动，但在初始状态、系统参数、结构等确定的前提下，运动轨迹也是可以确定的。初值敏感性是混沌运动最重要的特征之一，也是造成混沌序列复杂多变、数目众多的原因之一，它主要是指即使非常接近的两个轨道，即初始值相差很小、非常接近，轨道之间也会逐渐以指数倍分离，说明混沌运动对于初值十分敏感，细小的差异会在运动过程中被渐渐放大，而造成运动状态和轨迹的巨大变化。

(2) 确定性。混沌运动是由确定性系统产生的，并且在一定区域内，初始状态、参数及结构等确定之后，运动的轨迹便可以确定。

(3) 有界性。混沌运动虽然是随机的，但是其轨迹范围却是有界的，混沌轨迹位于某一固定区域，说明混沌吸引子也是有界的。这也证明了混沌系统在整体上而言是稳定的，它既不像确定系统那样有周期，也不像随机系统那样无界限，是介于两者之间的。

(4) 长期不可预测性。混沌系统会因为微小的初始值差异而使信号模值成指数倍分离，在实际情况中，初始条件存在于有限精度下，运动轨迹因为轨道初值的差异逐渐成倍数分离，造成最终状态的巨大变化。这也说明从时间上看，混沌具有长期不可预测性。

(5) 普适性。混沌中存在着不随参数、结构以及系统状态而改变的特征，这些特征具有普适意义。当系统趋于混沌时，系统中某些常数在运动方程中系数改变时依然体现着混沌运动时的共同特征，如 Feigenbaum 常数等。

(6) 遍历性。混沌运动有别于传统运动，它没有周期，也不像随机运动一样无界限，即在确定区域内做不重复运动。随着时间的推移，确定区域内的每一个状态点都会被运动轨迹所覆盖，即混沌运动具有遍历性，它在有限的确定性区域中是历经各态的。

8.1.3　奇异吸引子

奇异吸引子是混沌现象的重要组成部分之一，它能客观反映混沌运动的状态规律、收敛情况等。研究吸引子的组成、状态及特性，有助于更好地认识并掌握混沌学的理论知识，为研究混沌机理以及应用混沌技术奠定基础 。

奇异吸引子是确定性运动区域中所有状态点的集合，能集中反映混沌的运动状态。吸引子与混沌一样，在不同领域均有应用，由于专业术语、运用目的的不同导致其定义始终无法统一和标准化。

图 8.1 为洛伦兹奇异吸引子示意图，由图可知，吸引子局限于一确定区域，运动轨迹无序且无固定周期，但覆盖区域任一状态点，具有内在随机性。

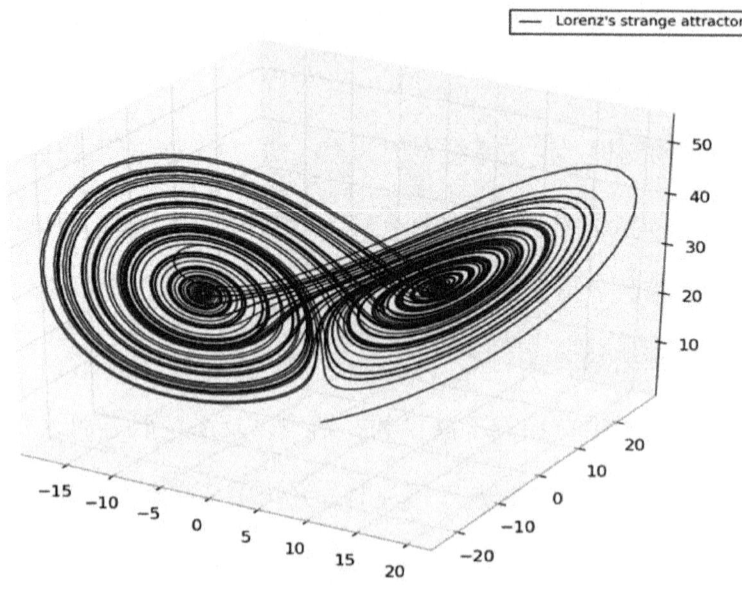

图 8.1　洛伦兹奇异吸引子示意图

8.2　混沌映射

8.2.1　常见的混沌映射

（1）Logistic 映射。Logistic 映射是混沌系统中一个常见的、典型的映射模型，又称为 Logistic 迭代，是一维混沌映射同时也是时间离散系统。Logistic 映射如公式 (8.6) 所示：

$$X_{n+1}=f\left(\mu,x_n\right)=\mu x_n\left(1-Xn\right) \tag{8.6}$$

其中，$x\in\left[0,1\right]$，参数 $\mu\in\left(0,4\right)$。

（2）Henon 映射。Henon 映射是一种二维混沌迭代映射，也是经典映射模型之一，它的映射函数如公式（8.7）所示：

$$\begin{cases}x\left(n+1\right)=1-a\cdot x^2\left(n\right)+y\left(n\right)\\y\left(n+1\right)=b\cdot x\left(n\right)\end{cases} \tag{8.7}$$

上述方程组中，*a*, *b* 为常数，*x*, *y* 为变量，当 a=1.4，b=0.3 时，变量 *x* 进入混沌状态中。

（3）Lorenz 映射。Lorenz 映射为三元常微分方程组，具体表示如公式（8.8）所示：

$$\begin{cases}\dot{x}=\sigma\cdot\left(y-x\right)\\\dot{y}=r\cdot x-x\cdot z-y\\\dot{z}=x\cdot y-b\cdot z\end{cases} \tag{8.8}$$

上述方程组中，*b*, σ，*r* 为常数，*x*, *y*, *z* 通常为变量，一般取 $b=\frac{8}{3}$，$\sigma=10$，r=28。

（4）Rossler 映射。Rossler 映射是一种时间连续混沌系统，由于具有良好的抗干扰能力和复杂结构，一般应用于保密通信或水下军事通信。它的映射方程组如公式（8.9）所示：

$$\begin{cases}\dot{x}=-\left(z+y\right)\\\dot{y}=x+a\cdot y\\\dot{z}=b+\left(x-c\right)\cdot z\end{cases} \tag{8.9}$$

上述方程组中，*a*,*b*,*c* 为常数，*x*,*y*,*z* 通常为变量。变量 *x* 与 *z* 相乘决定了该系统的非线性特征。

（5）Chebyshev 映射。Chebyshev 映射产生的混沌序列平衡性好，线性复杂度高，有广泛的应用，许多扩频码或混合通信码都是基于 Chebyshev 映射生成的。它的映射方程如公式（8.10）所示：

$$x(n+1)=\cos\left(k\cos^{-1}x(n)\right) \tag{8.10}$$

在上述方程中，当变量 x 的取值范围是 $[-1,1]$ 时，系统进入混沌状态。

8.2.2 混沌信号的主要特征

混沌虽然至今没有公认的、统一的数学定义，但在实际工程应用中，混沌信号的特征一直是科研及相关领域工作者们关注的焦点。混沌信号有别于确定性动力学系统中的常用信号，也不同于随机性系统产生的随机信号，混沌信号是一种有界的、局限于一定范围的确定性类随机信号，与确定性动力学系统和随机性系统信号相比，混沌信号的主要特征包括：

（1）确定性动力学系统方程的解，因为规律性和周期性而可被预测，且一般对初始状态不敏感，即使初始值发生变化，结果往往偏差不大。然而混沌解对于初始值变化十分敏感，细微的变化会导致运动轨迹截然不同，所以很难出现重复或相似的情况，不具备长期可预测性，只是在产生机理确定的情况下具有短期可预测性。

（2）与上述混沌对初始值极端敏感密切的理论相关，Lyapunov 指数是描述系统对初始值敏感与否的量。吸引子的 Lyapunov 指数为正，则说明为混沌吸引子，因为一般的吸引子指数为负，所以 Lyapunov 指数也成为判断系统是否为混沌系统还是确定性系统（或随机系统）的关键指标。

(3) 混沌信号具备类随机特性。空间表现上与随机信号并无差别，但在时域表现形式上与随机信号不同，只要给定了信号的初始状态和参数，混沌信号及信号运动轨迹也是可以被预测和确定的，即混沌信号有类似随机信号的运动特征，但由确定性系统产生且一定条件下可以控制信号及其运动轨迹，这与随机信号存在着本质区别。

(4) 确定性动力学系统信号在频域上是离散的谱线，混沌信号具有类随机特性，不仅运动特征与随机信号类似，而且两种信号在频域上的频谱表现形式都是连续的。

(5) 混沌信号的相关函数特性与确定性动力系统信号不同，它的相关函数特性类似于响应函数，而常用确定性系统信号的相关函数通常具有周期性。

(6) 在相空间表现形式上，混沌吸引子与确定性系统信号的一般吸引子不同，混沌吸引子表现为空间结构复杂多变的分数维数形式。而在确定性动力系统中，一般吸引子表现形式通常为环或环面，即整数维数，因此可以看出两者的表现形式存在较大的差异。

(7) 混沌信号对初始值十分敏感，因而具有正的 Lyapunov 指数，初始值的轻微干扰、误差会造成运动轨迹的改变，所以信号运行轨迹难以确定。上文中提到，如果系统的参数、结构等因素确定，那么确定区域内混沌信号运动轨迹可以被确定。此外还可以通过计算轨道点的概率密度分布函数的方法，得出某条轨道状态点在时间上的均值及方差等数据，从而进一步研究及分析其运动轨迹特性。

8.3 混沌系统模型

混沌系统分为两大类：离散混沌系统和连续混沌系统。以差分方程形式表述的时间离散混沌系统常应用于扩频通信领域，以微分方程形式表述的时间连续混沌系统，由于抗干扰及结构复杂等特性，广泛应用于军事保密通信或加密通信。下面列举了几种常见且典型的混沌系统模型。

8.3.1 Lorenz 系统

美国麻省理工学院终身名誉教授 E.N.Lorenz 是著名的气象学家，他所发现的混沌现象被科学界称为“蝴蝶效应”，从而推动了混沌学科的创立与发展。Lorenz 系统的微分方程如公式 (8.11) 所示：

$$\begin{cases} \dot{x}=\sigma\left(y-x\right) \\ \dot{y}=\rho x-y-xz \\ \dot{z}=xy-\beta z \end{cases} \tag{8.11}$$

上述方程组中，x 表示对流的强度，y 代表上升流与下降流之间的温差，z 表示在垂直方向上温度变化强度，σ 和 ρ 表示系统控制参数。下面使用 matlab 软件实现 Lorenz 系统。运用龙格库塔法求解，设置初始值，$\sigma=10$，$\rho=28$ 及 $\beta=\frac{8}{3}$ 时，系统处于混沌状态，可画出相图。图 8.2、图 8.3 和 8.4 分别为 Lorenz 系统 xz 相图、xy 相图和 yz 相图。

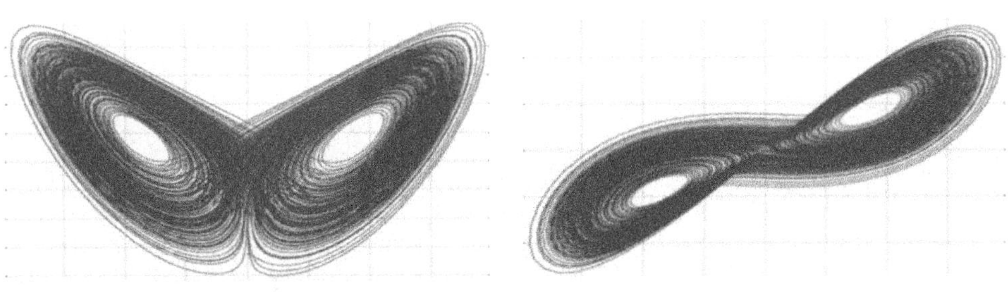

图 8.2　*xz* 相图　　　图 8.3　*xy* 相图

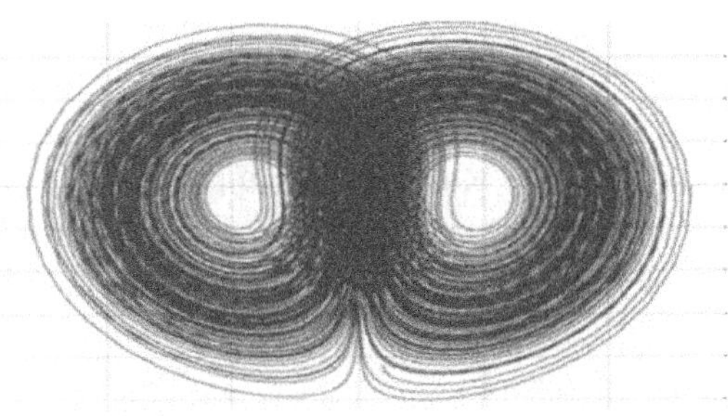

图 8.4　*yz* 相图

Lorenz 系统是一个三维系统，具备对称性、不变性，即系统变换 $(x,y,z)\to(-x,-y,-z)$ 时，系统图像关于 z 轴对称且具有不变性，系统所有参数皆满足这种对称性。

8.3.2　Rossler 系统

著名化学家 Rossler 在实验演算过程中将原来的标准参数进行了适当变换，发现了一组三元非线性微分方程，即 Rossler 方程，如公式 (8.12) 所示：

$$\begin{cases}\dot{x}_1=-x_2-x_3\\ \dot{x}_2=x_1+a_1x_2\\ \dot{x}_3=a_2-a_2x_3+x_1x_3\end{cases}\tag{8.12}$$

若启用标准三维向量形式：

$\dot{x}=\mathrm{A}x+f\left(x\right)$,

其中，$\dot{x}=\left(\dot{x}_1,\dot{x}_2,\dot{x}_3\right)^T$，$x=\left(x_1,x_2,x_3\right)^T$ 表示系统状态变量，A 为系数矩阵，

$f(x)$为系统非线性项，则对应量如公式(8.13)和(8.14)所示：

$$A=\begin{bmatrix}0 & -1 & -1\\1 & a_1 & 0\\0 & 0 & -a_3\end{bmatrix} \tag{8.13}$$

$$f(x)=(0,0,x_1x_3+a_2)^{\mathrm{T}} \tag{8.14}$$

图 8.5 为 Rossler 系统 matlab 分岔图和 a_1,a_2,a_3 分别为 0.2，0.2，5.7 时 Rossler 系统的混沌奇异吸引子示意图。Rossler 系统混沌奇异吸引如图 8.6 所示。

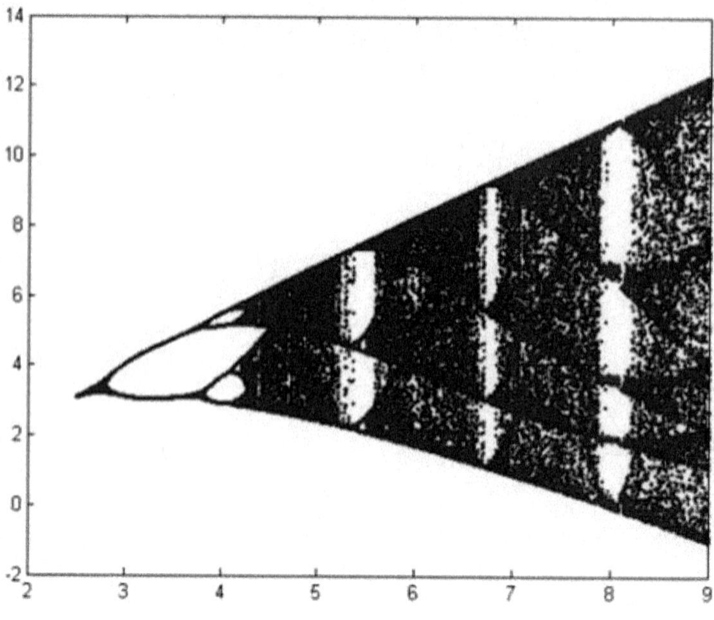

图 8.5　Rossler 系统 matlab 分岔图

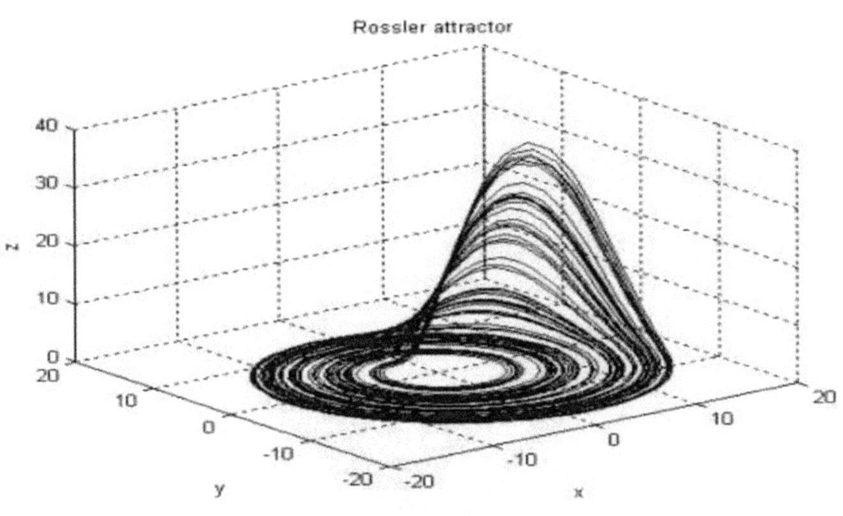

图 8.6　Rossler 系统混沌奇异吸引子

8.3.3　Chen 系统

Chen 系统于 1999 年提出，是在 Lorenz 系统研究基础上得到的。Chen 系统拓扑结构与 Lorenz 系统类似，但系统具有参数不确定性，常规控制方法难以实现对 Chen 系统的控制。系统微分方程如公式 (8.15) 所示：

$$\begin{cases} \dot{x}_1 = -a_1 x_1 + a_1 x_2 \\ \dot{x}_2 = (a_2 - a_1) x_1 + a_2 x_2 - x_1 x_3 \\ \dot{x}_3 = -a_3 x_3 + x_1 x_2 \end{cases} \tag{8.15}$$

转换成标准三维向量形式，如公式 (8.16) 和 (8.17) 所示：

$$\mathrm{A} = \begin{bmatrix} -a_1 & a_1 & 0 \\ a_2 - a_1 & a_2 & 0 \\ 0 & 0 & -a_3 \end{bmatrix} \tag{8.16}$$

$$f(x) = \begin{pmatrix} 0 \\ -x_1 x_3 \\ x_1 x_2 \end{pmatrix} \tag{8.17}$$

图 8.7 是在$(a_1,a_2,a_3)=(5,-10,-3.8)$时，系统产生混沌的奇异吸引子现象。由图可知 Chen 系统的运动轨迹十分稠密、复杂，它的无序状态更为显著，同时它与 Lorenz 系统被认为是对偶系统，都是典型的热点混沌系统，在非线性动力学研究领域得到了广泛的研究和应用。

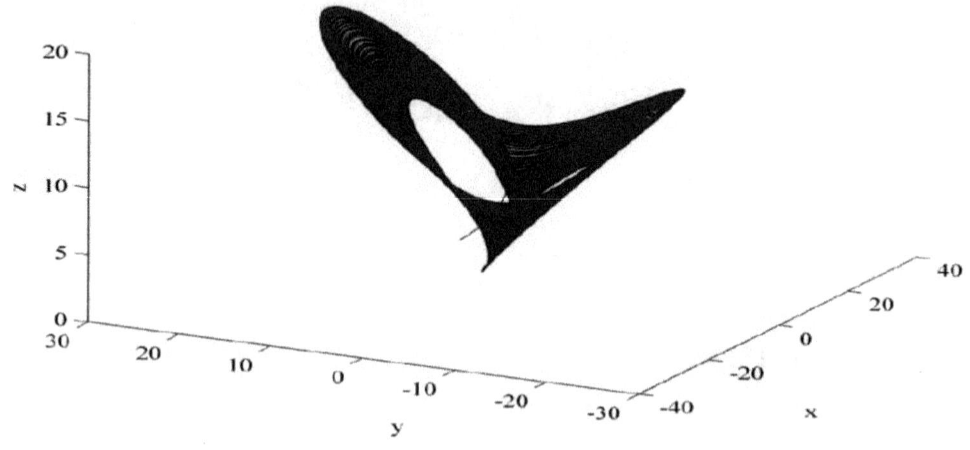

图 8.7　Chen 系统混沌奇异吸引子

8.4　混沌同步

同步对扩频通信至关重要。尤其对于水声通信而言，水下噪声、多径干扰和收发同步一直是最后通信效果好坏的关键因素，系统需要采用信道均衡、滤波器过滤等方式减少其对通信效果的影响。系统发送端与接收端的同步决定着误码率、信噪比等通信关键指标，同时也是决定水声通信系统能否实现通信的重要因素之一。

混沌同步是利用某种方法实现混沌系统收发端的自同步，混沌由于具有对初值的极端敏感以及混沌序列随机性强、复杂度高、相关性能优异等特性，广

泛应用于保密及军事通信领域。应用混沌同步技术进行通信的方法很多，研究人员不断探索试图找到改善现有方法的新技术，而目前常用的方法有：①混沌掩盖（Chaos Masking）；②混沌参数调制；③混沌键控（Chaos Shift Keying, CSK）；④混沌扩频。在混沌扩频中，其关键在于采用混沌序列代替传统 PN 码，增加系统保密性能并摒弃其码数量有限等缺点。在接收端，信号经过解扩中有效的同步捕获及跟踪，并通过解调过程中滤波器的过滤，能够大大减少干扰信号成分，且大部分有用信息得以完整恢复，从而有效抑制噪声，提高系统信噪比。

8.4.1 混沌同步的概念

自 20 世纪 90 年代，L.M.Pecora 和 T.L.Carroll 发现了混沌系统的某些子系统可以实现互相同步以来，同步技术得到迅猛发展，通信系统的同步解决方案逐步成为最受关注也最为尖锐的问题之一，至今已有许多卓有成效的同步方法被提出和应用。

混沌同步方式与控制技术一样，发展迅速且种类繁多，包括延迟同步、完全同步等。完全同步是科研工作者们研究的重点，它既包括实时也包含信息的绝对完整，是保证有效通信的基础，也是决定通信质量的关键。完全同步同样应用于混沌通信中，表示系统的收发两端最终达到同步一致。公式（8.18）可以用来判断混沌系统之间的同步状态：

$$\lim_{t\to\infty} x(t)-y(t)=0 \tag{8.18}$$

满足上述公式条件，则说明 $x(t)$、$y(t)$ 达到同步状态。

近二十年来混沌同步技术得到了越来越多业内学者的关注，同步方法也不断推陈出新，如驱动－响应控制方法、耦合同步法、神经网络控制法、线性和非线性反馈控制方法、模糊控制同步法和变结构同步控制等。下面就上述几种典型同步方法做以下详细阐述。

8.4.2 混沌同步的几种方法

（1）驱动－响应同步法（PC 同步法）。驱动－响应同步法是 L.M.Pecora 和 T.L.Carroll 于 20 世纪 90 年代初提出的，自此同步技术得到迅猛发展，通信系统的同步解决方案逐步成为最受关注也最为尖锐的问题之一。该方法的核心思路是将混沌系统分解为两个子系统，其中一个是稳定的，另一个是不稳定的，将稳定子系统作为驱动系统，并复制出与不稳定子系统一样的系统作为响应系统，则判断驱动和响应系统是否同步的关键在于响应系统的 Lyapunov 指数是否为负值，如果为负值则说明两者达到同步且状态渐趋平稳。如公式（8.19）和（8.20）所示：

设 n 维混沌系统为

$$\dot{x}=f(x) \tag{8.19}$$

式中，$x\in R^n$，将上式分解为：

$$\begin{cases}\dot{u}=f_u(u,v)\\ \dot{v}=f_v(u,v)\end{cases} \tag{8.20}$$

其中，$u=(x_1,x_2,\cdots,x_m)$，$v=(x_{m+1},x_{m+2},\cdots,x_n)$，

$f_u=(f_1,f_2,\cdots,f_m)$，$f_V=(f_{m+1},f_{m+2},\cdots,f_n)$。

u 表示驱动系统，v 表示不稳定子系统，现复制一个与 v 相同的子系统 w 作为响应系统，如公式（8.21）所示：

$$\dot{w} = f_v(u, w) \tag{8.21}$$

定义 $\Delta w = v - w$，当 $t \to \infty$ 时，$\Delta w \to 0$，如公式 (8.22) 所示：

$$\Delta w = |v - w| \to 0 \tag{8.22}$$

说明 v 和 w 渐趋同步，并且同步状态不受初始条件的影响。条件 Lyapunov 指数的稳定判据中提出：驱动与响应系统的完全同步只有在所有条件 Lyapunov 指数均为负值时才能实现，如公式 (8.23) 所示：

$$\Delta w(t) = \lim_{t \to \infty} v(t) - w(t) = 0 \tag{8.23}$$

需要说明的是，驱动系统与响应系统并无相关，两者通过驱动变量一起构成动力学系统。混沌系统易于分解是 PC 同步法应用的前提，对于满足条件的系统而言，驱动 – 响应同步法可以很好地实现同步，应用广泛，但是存在部分非线性动力学系统，出于系统参数及自身的原因 (时间离散等)，不能分解为两个独立子系统，即无法复制一个响应系统实现同步，说明驱动 – 响应同步法存在一定局限性。

(2) 主动 – 被动同步法 (APD 同步方法)。针对驱动 - 响应同步法的局限性问题，不少科研机构推出过改进方案或新型算法。L.Kocarev 和 U.Parlitz 于 1995 年提出了改进方法——主动 – 被动同步法。该方法实现同步的理念与驱动 – 响应方法一致，不同之处在于 APD 同步方法采用更加灵活普适的分解方法，且驱动变量不受条件限制，这大大扩宽了驱动变量的选择范围，使得方案设计更具实用性、普适性，也更加适合混沌系统同步，如公式 (8.24) ~ (8.28) 所示。

设有如下自治动力学系统：

$$\frac{\mathrm{d}z}{\mathrm{d}t}=F(z) \tag{8.24}$$

它的非自治形式如下所示：

$$\frac{\mathrm{d}x}{\mathrm{d}t}=f(x,s(t)) \tag{8.25}$$

式中，$s(t)$ 是所选的驱动信号，可表示为：

$$s(t)=h(t)\text{或}\frac{\mathrm{d}s}{\mathrm{d}t}=h(x,t) \tag{8.26}$$

此时运用相同方法复制一个子系统，且该系统也受 $s(t)$ 驱动，即

$$\frac{\mathrm{d}y}{\mathrm{d}t}=f(y,s(t)) \tag{8.27}$$

则对应的误差系统表示为：

$$\frac{\mathrm{d}e}{\mathrm{d}t}=f(x,s)-f(y,s)=f(x,s)-f(x-e,s) \tag{8.28}$$

式中，$e=x-y$。

从上述公式中不难发现，误差系统（8.28）在 $e=0$ 处存在一个稳定不动点，说明驱动系统（8.26）与响应系统（8.27）已达到完全同步的条件。只要（8.27）中所有的条件 Lyapunov 指数均为负值，则根据稳定判据，自治动力学系统的两个子系统就能实现完全同步。

驱动信号函数的选择范围是区别 PC 同步法与 APD 同步法的关键，也是后者保持优势，确立更大应用范围的主要原因。APD 同步法拥有更好的普适性和灵活性就在于它可以不受限制地选择驱动信号函数，它是在 PC 同步法的基础上的改进，由于应用范围的进一步扩大，APD 同步法不仅适用于混沌系统，还可以应用于其他的非线性自治动力学系统。

（3）相互耦合同步法。相互耦合同步法的独特优势在于它无须自治系统进

行分解，所以适用于那些出于系统本身原因无法分解或难以分解的非线性系统，适用范围进一步扩大。它是通过一定耦合方法让两个混沌系统达到同步状态。基本原理如下：

假设混沌系统的微分方程表示为：

$$\frac{\mathrm{d}x}{\mathrm{d}t}=F(x) \tag{8.29}$$

现复制一个相同的系统：

$$\frac{\mathrm{d}y}{\mathrm{d}t}=F(y) \tag{8.30}$$

式中，$x,y\in R^n$，在上述两个系统的微分方程右侧分别加入耦合控制项，则方程表示为：

$$\frac{\mathrm{d}x}{\mathrm{d}t}=F(x)+k(y-x) \tag{8.31}$$

$$\frac{\mathrm{d}y}{\mathrm{d}t}=F(y)+k(x-y) \tag{8.32}$$

上述两式中，k 表示方程的耦合系数，通过选择适当的 k 值，可以实现两式相等，就能使两个系统达到同步状态。

相互耦合同步法适用范围更广，并不局限于能够分解的自治系统，耦合系数是其控制混沌同步的关键，系数的适当选择直接决定系统是否达到同步状态。由于自然界存在大量的相互耦合的非线性动力学系统，而且这些系统中无法分解的现象十分普遍，所以继续研究和推进相互耦合同步法具有重要而深远的意义。

(4) 反馈控制同步法。反馈控制同步法的核心内涵是把混沌系统作为驱动系统，然后复制一个与其相同的系统，在这个系统基础上加上一个反馈项从而作为响应系统。恰当的反馈项能够使驱动与响应系统达到同步状态。

混沌同步方法还有很多，例如噪声感应同步法、变结构同步控制法等。随着混沌研究得到越来越多的关注，未来肯定会有更多更有效、更普适的方法应用于研究和实践中。

8.4.3 混沌同步方法的比较

混沌学研究至今，同步方法也越来越多，但是没有能够解决所有问题或者适用范围不受限制的方法，各个方法有长处也有短处，下面就常用的几种方法，阐述其特点和联系。

驱动—响应同步法出现时间最早，同时也奠定了其他方法的理论基础和研究方向。它的理论简单，但是适用范围因为需要混沌系统能够分解成两个子系统而受到了限制，且保密能力较差，信息容易被截获。主动—被动同步法以驱动—响应同步法为基础，摒弃了其驱动函数选择受限的缺点，具有更好的实用性和普适性，而且能够应用于超混沌系统及水下加密通信中。相互耦合同步法的鲁棒性好于驱动—响应同步法，且适用范围相比前两种方法更大，因为适用对象不再局限于可以分解的自治系统。反馈控制同步法在原理上与相互耦合同步法类似，但在实用性上，由于其捕获概率低等优势，更适合应用于保密通信或者水下军事通信中。

混沌同步方法的选择和使用应该考虑到实际应用的系统，根据系统特性进行统筹设计，可以只使用一种方法，也可以多种方法进行结合，达到取长补短的目的，从而进一步提高系统同步效率。

8.5 本章小结

本章首先简单介绍了混沌及其随机性、运动特征、奇异吸引子等定义和基本特点；然后详述 Logistic 映射、Rossler 映射等典型混沌系统的映射的函数、方程组参数等，以及混沌信号的遍历性、内在随机性、不可预测性、时域频域表现形式等特征；又论述 Rossler 系统、Chen 系统的微分方程形式和标准三维向量形式，说明系统进入混沌状态的条件和方式，给出了系统分岔图、奇异吸引子图等。这些混沌及混沌系统的理论知识，支持混沌理论与扩频通信技术的结合，为下一章混沌扩频通信的同步技术提供理论基础。

第9章 水声扩频通信的混沌同步

混沌同步是实现混沌扩频通信的核心问题。1990 年，L.M.Pecora 和 T.L. Carroll 证明了混沌同步存在的可能性；其他学者的后续研究表明，利用混沌同步代替传统的扩频同步方案，能够减少资源消耗，提高系统的稳定性。以 Lorenz 系统的同步为例，系统状态方程如公式 (9.1) 所示：

$$\begin{cases} \dot{x}_1 = a(x_2 - x_1) \\ \dot{x}_2 = cx_1 - x_1x_3 - x_2 \\ \dot{x}_3 = x_1x_2 - bx_3 \end{cases} \tag{9.1}$$

$$\begin{cases} \dot{y}_1 = a(y_2 - y_1) + u_1 \\ \dot{y}_2 = cy_1 - y_1y_3 - y_2 + u_2 \\ \dot{y}_3 = y_1y_2 - by_3 + u_3 \end{cases} \tag{9.2}$$

公式 (9.1) 为驱动系统，公式 (9.2) 为响应系统，当 $u_1 = 0$，$u_2 = (y_3 - 40)(y_1 - x_1)$，$u_3 = -y_2(y_1 - x_1)$，且 $a = 10$，$b = \frac{8}{3}$，$c = 28$ 时，驱动与响应系统之间可以达到同步状态。当驱动系统方程中初值分别为 $x_1 = -3$，$x_2 = 6$，$x_3 = 7$，响应系统方程中初值分别为 $y_1 = 3$，$y_2 = 0$，$y_3 = 0$，仿真时间为 3 s 时，同步误差如图 9.1 所示。

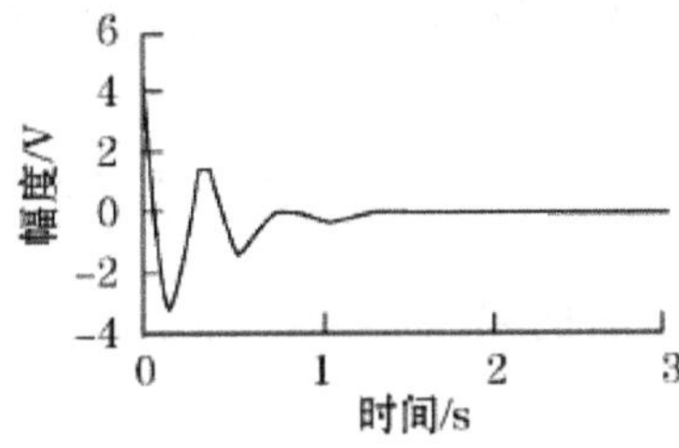

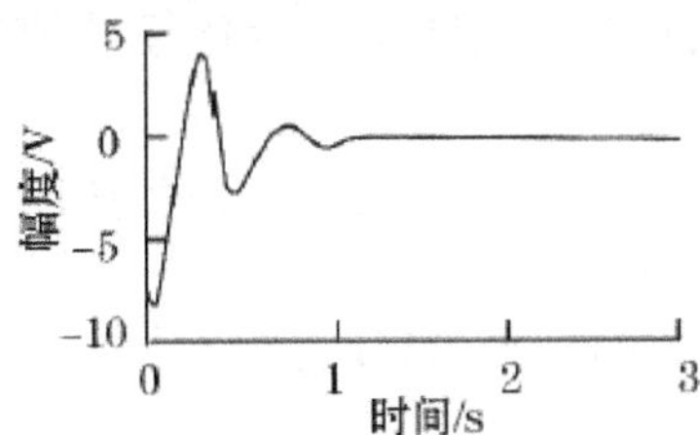

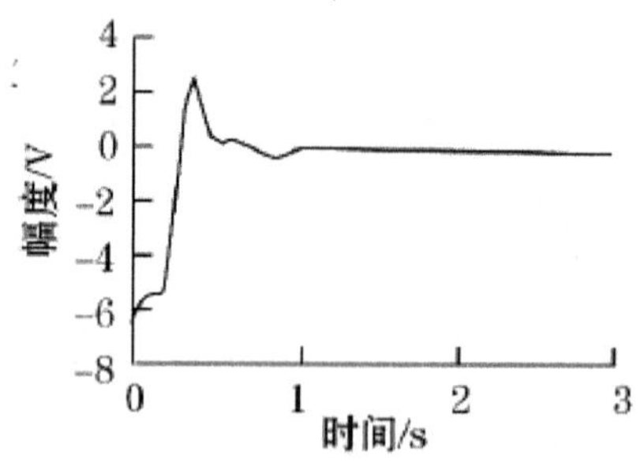

图 9.1 混沌同步效果图

(a) x_1 与 y_1 之差;(b) x_2 与 y_2 之差;(c) x_3 与 y_3 之差

9.1 混沌扩频通信同步的概述

将 Lorenz 混沌同步系统应用于扩频通信中，所构成的混沌扩频通信系统如图 9.2 所示，由混沌同步和扩频通信两部分组成。图 9-2 包括混沌同步和扩频通信两部分，其中混沌同步包括驱动－响应系统及量化模块等。图中 $x_i(t)$（i=1,2,3）表示驱动系统输出信号，$y_i(t)$ 表示响应系统输出信号，$u_i(n)$ 为用户信息信号，$z_i(n)$ 为扩频信号，$z_i^{'}(n)$ 表示解扩信号，$f(w_0,\phi_i)$ 为进行信号调制的本地载波。$x_i(t)$ 经过量化模块进行二进制转换得到扩频序列，$y_i(t)$ 经过量化模块转换产生解扩信号。利用 PC 同步法使驱动系统与响应系统达到同步状态，此时 $x_i(t)$ 与 $y_i(t)$ 完全相同，则说明扩频通信发送端的扩频信号与接收端的解扩信号相同，所以在系统的接收端可以使用解扩信号替代扩频信号，进行原始信号的捕获跟踪，收发信号之间的相互同步，从而实现用户信号的传输与恢复。

扩频通信区域，接收端如需接收第 i（i=1,2,3）个用户的发送信号数据，则必须使解扩序列 $z_i^{'}(n)$，本地载波频率 w_0，相位 ϕ_i 与发送端第 i 个用户对应的 $z_i(n)$、w_0、ϕ_i 完全相同。然后接收端的信号数据进行解扩运算后，再对其进行滤波判决，去除噪声杂质等干扰因素，直至恢复原始数据信息。

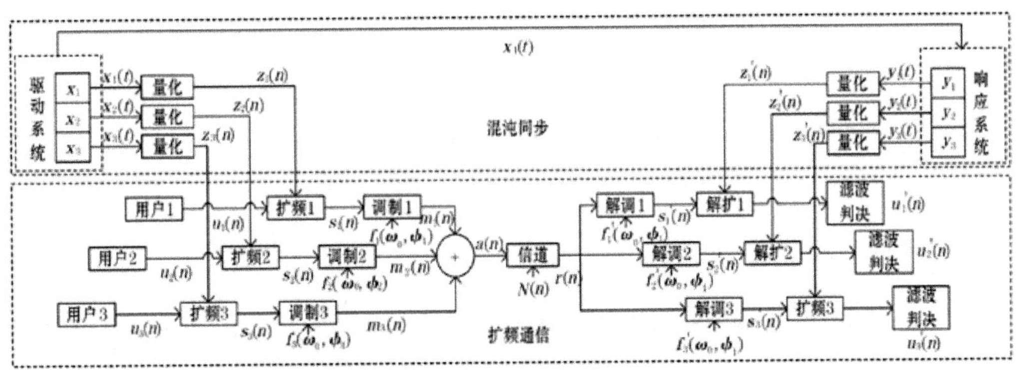

图 9–2　混沌同步扩频通信原理结构图

9.2　混沌序列的产生

混沌系统产生连续信号，需要通过数字化过程，即通过采样、量化、进制转换等步骤，变成扩频序列，其中量化过程最为关键，决定着是否能够产生性能优越即数目众多和结构复杂的扩频序列。下面详细介绍几种常用的量化方法。

9.2.1　传统量化方法

常见的通信系统或方案中有两种形式的混沌序列，分别是数字二进制混沌序列和模拟实值混沌序列。以微分方程形式表述的时间连续模拟混沌序列，一般适用于保密通信的混沌同步方法，但是不适合数字通信（例如扩频通信）信道的传输。以状态方程形式表述的时间离散数字混沌序列，常常适用于扩频通信或基于扩频技术的通信方式。所以模拟实值形式的混沌序列并不适用于扩频通信，扩频码的形式需为数字二进制形式，因此需要将模拟实值形式的混沌序列转换成适用的数字二进制形式，才能进行通信和控制。将模拟实值混沌序列量化转换的过程称为数字化过程，扩频序列的产生过程如图 9.3 所示。

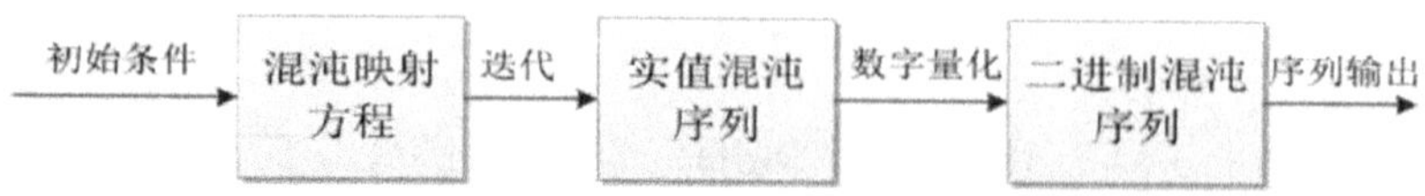

图 9.3　数字扩频序列的产生过程

几种常见的量化方法如下：

（1）二值量化方法。将迭代后的混沌序列表示为 $\{x_n|n=0,1,2,\cdots,N\}$，假设 a 是混沌序列的均值，如公式 (9.3) 所示：

$$\begin{cases} x_{qn}=1, x_n \geqslant a \\ x_{qn}=0, x_n < a \end{cases} \tag{9.3}$$

通过公式 (9.3) 可以将实值混沌序列转换为二进制混沌序列，表示为：$\{X_{qn}|n=0,1,2\cdots,N\}$。二值量化方法虽然原理简单，易于实现，但是生成序列精度不高，会呈现周期性，从而降低通信系统保密性。

（2）中间多比特量化方法。中间多比特量化方法是将实值序列的绝对值转化为二进制形式，如公式 (9.4) 所示：

$$|x_n|=0.c_0c_1c_2\ldots,c_i\in\{0,1\} \tag{9.4}$$

之后从序列第 N 位开始，取 L 位二进制码作为扩频序列。相比于二值量化方法，该方法迭代次数和计算量减少，但是初始值对量化后的序列影响较大，当初始值差异不大时，前几次量化后得到的序列也相差不大，且扩频序列的长

度受限，只能是 L 的倍数关系，无法实现任意长度的扩频码，导致所得序列整体性能不佳。

9.2.2　新型量化方法

新型序列量化方法是在中间多比特量化方法的基础上对其进行的改进，解决了中间多比特量化方法存在的扩频码长度受限等问题，原理如下：

假设所需的序列长度为 M，则需要迭代 $M-1$ 次将 M 个实值混沌序列（包括初始值）的绝对值转换成二进制形式，表示如公式（9.5）~（9.7）所示：

$$|x_1| = 0.c_0(x_1)c_1(x_1)c_2(x_1)\ldots, c_i \in \{0,1\} \tag{9.5}$$

$$|x_2| = 0.c_0(x_2)c_1(x_2)c_2(x_2)\ldots, c_i \in \{0,1\} \tag{9.6}$$

……

$$|x_m| = 0.c_0(x_m)c_1(x_m)c_2(x_m)\ldots, c_i \in \{0,1\} \tag{9.7}$$

若存在实值混沌序列小于 0 的情况，则需要对其绝对值转换的二进制码取反码，之后从序列第 N（这里的 N 为随机取值）位开始，依次取值，共取 L 位，考虑到扩频码的精度问题，$N+L$ 的值必须小于转换的最大位数。

上述取值方式组成一个 M 行 L 列的矩阵，若将矩阵的每一列作为通信系统的扩频序列，则该序列长度为 M，并且总共可以得到 L 个混沌扩频码。

新型序列量化方法既有中间多比特量化方法的优点（迭代次数及计算量减少），又同时具备以下优势：

（1）混沌扩频通信系统的安全性得以保障。因为截取起始位 N 具有随机性，所以大大增加了序列被破译的难度，即使知道扩频序列也无法试图通过逆向迭代方式重构通信系统，提高了系统的保密性、安全性。

(2) 对初始值选取要求降低。中间多比特量化方法需要避免初始值差异较小，因为会导致量化结果太接近。新型量化方法即使选择相差无几的初始值，由于截取码的特殊性，也不会影响生成序列的性能，说明初始值选取范围变大。

(3) 扩频序列的长度不受限。中间多比特量化方法得到的扩频码长度是 L 的倍数，长度受到限制。而新型量化方法可以通过迭代的次数控制序列的长度，即所得序列长度不局限于 L 的倍数。

(4) 适用范围更加广泛。新型量化方法同样适用于序列实值小于 0 的情况，因此 Chebyshev 混沌映射与改进型 Logistic 混沌映射所产生的实值序列也在适用范围内，可以通过该方法进行量化运算。

9.3 混沌序列的性能评价

假设采用改进型 Logistic 映射产生实值混沌序列，则迭代方程如公式 (9.8) 所示：

$$x_{n+1} = 1 - \mu \cdot x_n^2, x_n \in [0,1] \tag{9.8}$$

式中，$\mu \in [0,2]$ ，这里取 μ =2，则概率密度函数如公式 (9.9) 所示：

$$\begin{cases} \rho(x) = \dfrac{1}{\sqrt[\pi]{1-x^2}}, -1 > x > 1 \\ \rho(x) = 0, \quad 其他 \end{cases} \tag{9.9}$$

实值混沌序列的精度保留到小数点后 16 位，在整个量化过程中，L 取 40，N 在 1 到 10 之间任意取值，这也意味着转换最大位数大于 50。

9.3.1　混沌序列的平衡性分析

若实值混沌序列取值范围为$(-0.5,0)\cup(0.5,1)$且x_{n+1}二进制转换的第一位C_0取值为 1，则对于所有x_{n+1}如公式(9.10)所示：

$$\begin{cases} -0.5 \leqslant x_{n+1} \leqslant 0, -\dfrac{\sqrt{3}}{2} \leqslant x_n \leqslant -\dfrac{\sqrt{2}}{2} \text{或} \dfrac{\sqrt{2}}{2} \leqslant x_n \leqslant \dfrac{\sqrt{3}}{2} \\ -0.5 \leqslant x_{n+1} \leqslant 1, -\dfrac{1}{2} \leqslant x_n \leqslant \dfrac{1}{2} \end{cases} \tag{9.10}$$

同时因为如公式(9.11)所示：

$$\begin{aligned} &\int_{-\frac{\sqrt{3}}{2}}^{-\frac{\sqrt{2}}{2}} \rho(x)\mathrm{d}x + \int_{-\frac{1}{2}}^{\frac{1}{2}} \rho(x)\mathrm{d}x + \int_{\frac{\sqrt{2}}{2}}^{\frac{\sqrt{3}}{2}} \rho(x)\mathrm{d}x \\ &= \left(\arcsin x\Big|_{-\frac{\sqrt{3}}{2}}^{-\frac{\sqrt{2}}{2}} + \arcsin x\Big|_{-\frac{1}{2}}^{\frac{1}{2}} + \arcsin x\Big|_{+\frac{\sqrt{2}}{2}}^{+\frac{\sqrt{3}}{2}} \right) / \pi = 0.5 \end{aligned} \tag{9.11}$$

通过上式(9.10)和(9.11)可以发现，前一次迭代结果不会影响到下一次迭代的取值概率，即无论之前迭代产生的实值混沌码是多少，$c_0,c_1,c_2\cdots$取值为 0 或者为 1 的概率都是 50%，说明码元之间相互独立，序列分布均匀且随机性良好，该量化方法产生的扩频码在理论上具有良好的平衡性。

接下来通过仿真分析进一步验证：假设初始值为 0.2001，图 9.4 表示当序列长度从 100 到 3000 时，二值量化方法与新型量化方法所得到的混沌扩频序列的平衡度对比(序列从 40 个序列中随机抽取)。

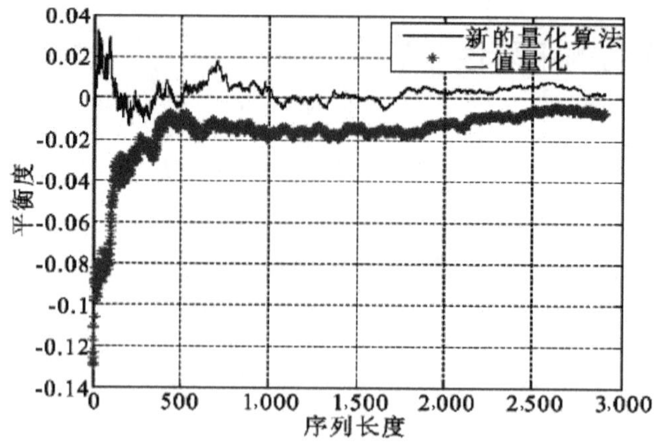

图 9.4 混沌扩频序列的平衡度对比

由图 9.4 可知，在初值为 0.2001 的情况下，新型量化方法所得的序列平衡性明显优于二值量化方法所得的序列平衡性，且二值量化方法所得序列的平衡性始终小于 0，说明序列周期性明显，而随机性较差。

下面从初始值角度进一步分析，假设序列长度为 2000，初始值取值范围为 0.0001 ~ 0.9991，取值间隔为 0.001。图 9.5 和图 9.6 分别表示新型量化方法和二值量化方法产生的混沌扩频序列的初值与平衡度关系图。

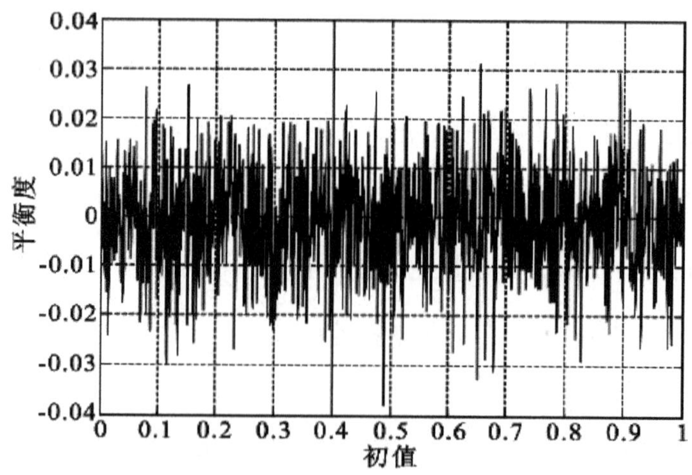

图 9.5 新型量化方法的初值与平衡度关系图

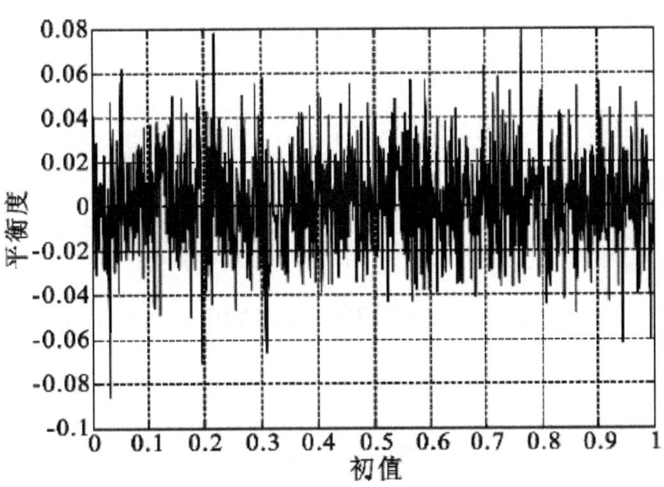

图 9.6　二值量化方法的初值与平衡度关系图

由上述关系图可知，新型量化方法和二值量化方法所产生的序列的平衡度峰值分别为 0.0380 和 0.0860，平衡度的均方值分别为 0.0110 和 0.0229，都说明新型量化方法具有更好的平衡性。

9.3.2　混沌序列的相关性分析

扩频通信最关键的性质之一就是序列的相关性。相关性包括自相关与互相关两个部分，自相关函数通常能反映系统的抗多径干扰能力，互相关函数则反映系统的抗多址干扰能力。决定通信系统性能的关键是自相关旁瓣均方值与互相关均方值，而通信系统受到的最大程度的干扰可以通过自相关旁瓣最大值和互相关峰值确定。因此在分析序列相关性时，上述四大数据是研究的重要依据，可以体现相关性的优劣程度。自相关旁瓣均方值的表达式如公式 (9.12) 所示：

$$\sigma_R = \sqrt{\frac{1}{N-1}\sum_{m=1}^{N-1}\left[R(m)\right]^2} \tag{9.12}$$

式中，$R(m)$ 表示自相关函数，N 为序列长度。

互相关均方值的数学表达式如公式(9.13)所示：

$$\sigma_C = \sqrt{\frac{1}{2N+1}\sum_{m=-N}^{N}\left[C(m)\right]^2} \tag{9.13}$$

式中，$C(m)$ 表示互相关函数，N 为序列的长度。

首先采用新型量化方法：假设初值的取值范围为 0.001 ~ 0.9001，取值间隔为 0.009，选定序列长度依次是 511、1023、2047，分别生成 100 组序列，即 4000 位混沌扩频码，然后分别计算每个序列的自相关均方值、自相关旁瓣最大值及任意两个序列的互相关均方值、互相关峰值。接着通过二值量化方法生成混沌扩频序列，初值范围在 0.001 ~ 0.8001，取值间隔为 0.0002，同样是产生 4000 位相同长度的序列，计算相同的相关函数指标，并将八组数据两两对比，结果如表 9.1 和表 9.2 所示。

表 9.1　自相关旁瓣最大值与均方值比较

序列长度	自相关旁瓣最大值 （新型量化 / 二值量化）	自相关旁瓣均方值 （新型量化 / 二值量化）
511	0.1238/0.1239	0.0441/0.0441
1023	0.0948/0.0950	0.0312/0.0312
2047	0.0715/0.0716	0.0220/0.0221

表 9.2　互相关峰值与均方值比较

序列长度	互相关峰值 （新型量化 / 二值量化）	互相关均方值 （新型量化 / 二值量化）
511	0.1344/0.1345	0.0443/0.0443
1023	0.1015/0.1016	0.0312/0.0313
2047	0.0759/0.0762	0.0221/0.0221

对比表 9.1 和表 9.2 可以发现，新型量化方法产生的混沌扩频序列无论在自相关旁瓣最大值，还是在互相关峰值方面都小于二值量化方法产生的混沌扩

频序列，说明后者通信过程中受到的噪声干扰程度更加严重，而在自相关均方值和互相关均方值方面，两者的差异不大。综上所述，新型量化方法所产生的混沌扩频序列在相关性能上较好，更加适合扩频通信系统。

9.4　新型混沌序列的设计方法

混沌序列作为扩频码应用具有很多的优势，既克服了传统扩频序列地址码数目有限、相关函数性能衰减严重的问题，结合扩频技术又提高了水声通信的保密性、可靠性及抗干扰性。但是通常都是采用单一混沌映射通过量化、进制转换等过程变成扩频码，该扩频码虽然优于传统扩频序列，但在随机性和平衡性上存在不足。现将 Chebyshev 映射与改进型 Logistic 映射结合组成新型双混沌系统，并将其应用在扩频系统中，通过仿真验证其性能。

9.4.1　新型混沌序列的设计方法

新型混沌序列是在 Chebyshev 映射与改进型 Logistic 映射的基础上组合而成，其中 Chebyshev 映射方程如公式 (9.14) 所示：

$$x_{n+1}=f\left(x_n\right)=\cos\left(\mu\cos^{-1}x_n\right), x_n\in\left(-1,1\right) \tag{9.14}$$

改进型 Logistic 映射的方程表示如公式 (9.15) 所示：

$$x_{n+1}=1-\mu x_n^2, X_n\in\left(-1,1\right) \tag{9.15}$$

式中，X_n ——序列在当前时刻的状态；X_{n+1} ——序列在下一时刻的状态；μ ——方程的分形参数。

假设三阶 Chebyshev 映射和改进型 Logistic 映射的输出分别为序列 $\{a_1,a_2,\ldots,a_n,\ldots\}$ 和 $\{b_1,b_2,\ldots,b_n,\ldots\}$，如公式 (9.16) 所示：

$$\begin{cases} a_{n+1}=1-2a_n^2 \\ b_{n+1}=4b_n^3-3b_n \end{cases} \tag{9.16}$$

上述方程组中，a_n，b_n 表示序列系统当前时刻的状态，a_{n+1}，b_{n+1} 表示序列在下一时刻的状态。

扩频序列是模拟混沌序列经过采样、离散量化、模 2 相加等步骤产生的，即将上述两个序列离散量化并进行模 2 相加，便可产生双混沌序列 $\{c_1,c_2,\ldots,c_n,\ldots\}$，离散量化过程实际上就是对两个系统输出序列进行阈值判决如公式 (9.17) 所示：

$$h(x)=\begin{cases} 0, x\leqslant 0 \\ 1, x>0 \end{cases} \tag{9.17}$$

接下来依次对双混沌映射序列进行平衡性、相关性以及随机性等序列性能方面的仿真分析与研究。

9.4.2 新型混沌序列的平衡度

平衡度是衡量通信序列性能好坏的重要指标之一。序列数量平衡度直接影响到通信系统的整体保密性，若序列不平衡则会导致频谱泄露，传输信息更加容易被截获窃取。平衡度的定义如下：

$$E=(P-Q)/N \tag{9.18}$$

式中，P 和 Q 分别表示扩频序列中“1”和“0”的个数，N 表示序列的长度。

改进型 Logistic 序列和 Chebyshev 序列的平衡度与初值的关系如图 9.7 所示。

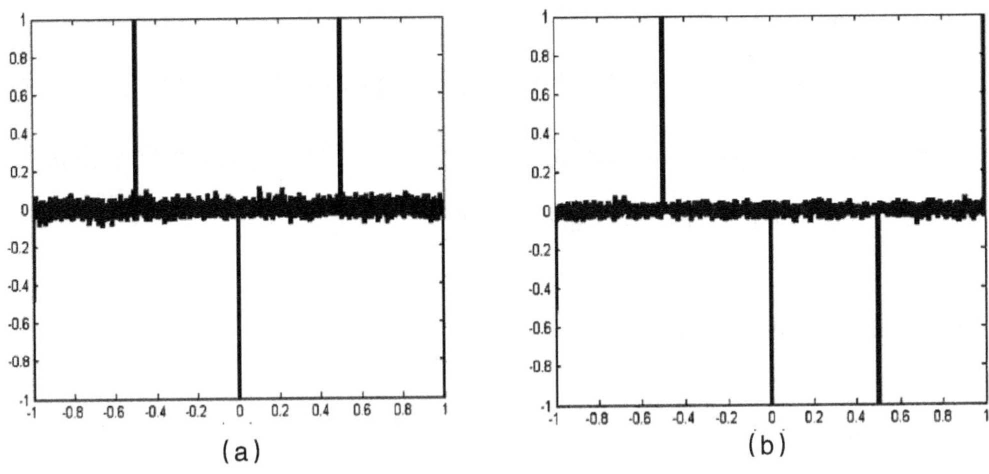

图 9.7　两种单一混沌序列的初值与平衡度关系图

(a) 改进型 Logistic 序列平衡度；(b) Chebyshev 序列平衡度

由图可知，改进型 Logistic 序列和 Chebyshev 序列的平衡度在部分初值条件下，会突然增长到较大值，这会导致系统安全性在某一时刻急剧降低，传输信息可能会被截获窃取，存在很大的安全隐患。

新型双混沌序列的平衡度与 Chebyshev 混沌系统初值以及与序列长度的关系图如图 9.8 所示。

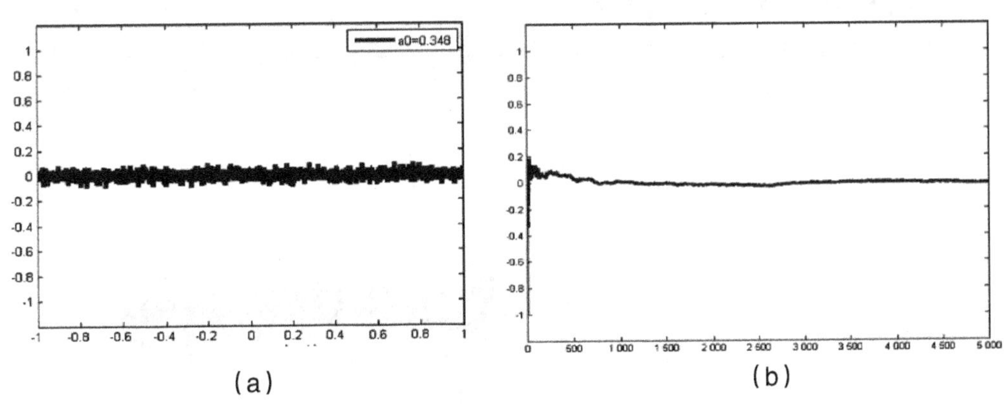

图 9.8　新型双混沌序列的平衡特性

(a) 新型双混沌序列平衡度；(b) 序列平衡度变化曲线

图 9.8（a）表示的是新型混沌序列与 Chebyshev 初值的关系，其中改进型 Logistic 混沌系统的初值为 a_0=0.348(不失一般性)，由图可知序列平衡度未出现图 9.7 的突发增长情况，一直趋于平稳，具有较好的平衡性。图 9.8（b）为序列长度与平衡度的关系曲线，可见平衡度随着序列长度的变化渐渐趋向平稳状态，本文序列长度一般设置为 1024，此时序列平衡性表现较好。

9.4.3 新型混沌序列的相关性

相关特性是通信系统中序列最重要的特性之一，能够决定整个通信系统的优劣程度，也是保证系统可靠性、保密性的关键。

新型双混沌序列与 Chebyshev 序列、Logistic 序列的自相关函数、互相关函数图像如图 9.9 所示。

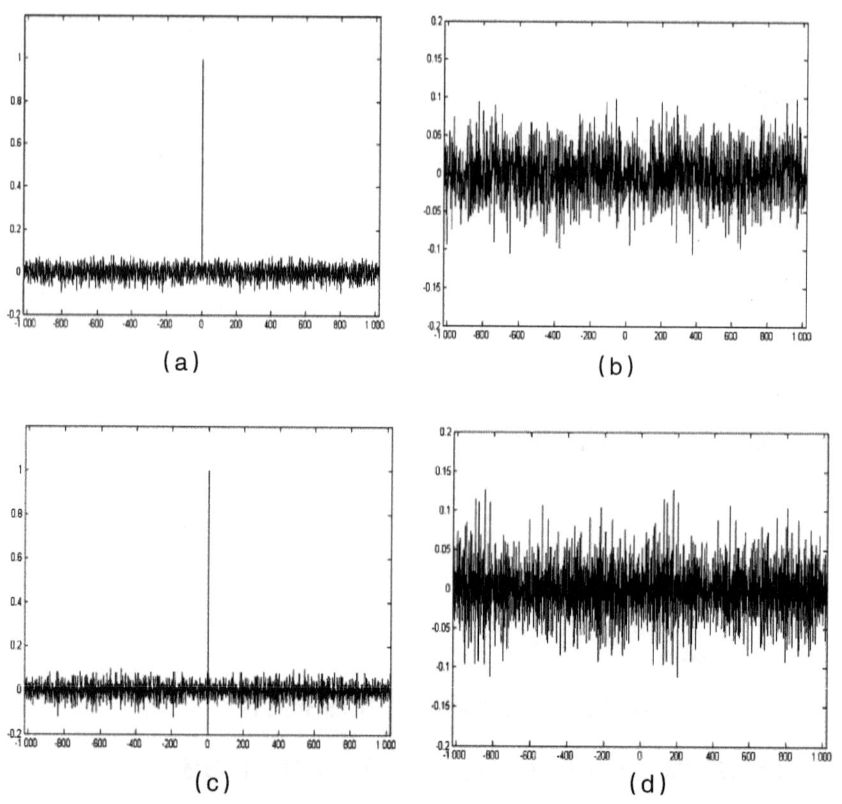

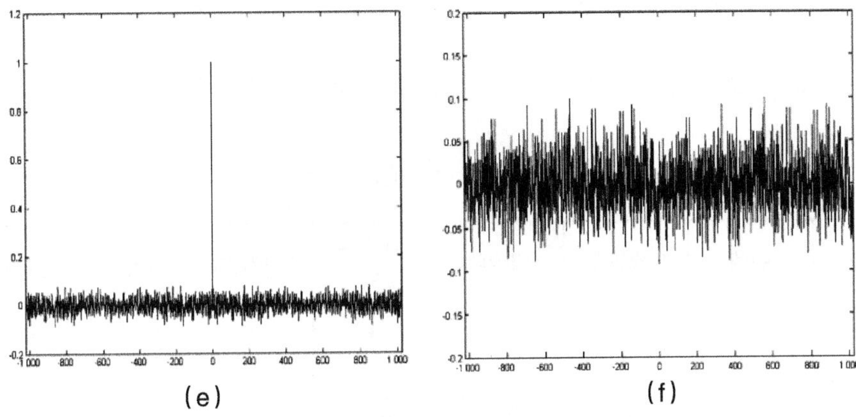

图 9.9　几种混沌序列的相关特性函数图像对比

(a) 新型双混沌序列自相关函数；(b) 新型双混沌序列互相关函数；(c) Chebyshev 序列自相关函数；(d) Chebyshev 序列互相关函数；(e) Logistic 序列自相关函数；(f) Logistic 序列互相关函数

由图 9.9 可知，新型双混沌序列在自相关特性表现上与 Chebyshev 序列及 Logistic 序列几乎相同，在相关间隔为 0 时出现尖峰值，而在其他间隔时函数值都在 0 值附近上下浮动，表现类似于 δ 函数，说明序列具有较好的自相关性能。在图中右侧互相关函数对比中可以发现，新型混沌序列的变化范围相较其他两种序列更小，更加接近于 0，说明在互相关性能上优于 Chebyshev 序列及 Logistic 序列。

9.4.4　新型混沌序列的随机性

随机性研究选取了国际公认的 16 项指标中主要的 5 项指标，包括游程测试、分组测试、频谱测试、频率测试及近似熵测试。其中需要注意的是测试环节中必须先进行频率测试，不通过的无法进行后续测试，即频率测试是随机性测试的基础。测试方法为计算序列的 P-value 值，如果 P-value 值大于 0.01，则测试序列为随机性序列，且测试值越大，说明序列随机性能越好。

为使测试结果更准确，测试时从序列的第 1001 个值开始，表 9.3 为三种序列的 P-value 值测试结果，其中“*”表示未能通过测试。

表 9.3　三种混沌序列随机性测试结果

序列	初值	迭代次数	频率测试	分组频率测试	游程测试	频谱测试	近似熵测试
Logistic	0.348	1000	0.8003	0.1457	0.8977	0.7456	0.4235
		10000	0.5353	0.2289	0.1716	0.7897	0.2317
	0.546	1000	0.8496	0.9621	0.9991	0.8457	0.9251
		10000	0.0183	0.0463	0.5999	0.9836	0.1377
Chebyshev	0.213	1000	0.2823	0.9704	*	0.6497	*
		10000	0.9203	0.8262	*	0.0885	*
	0.638	1000	0.6580	0.9338	*	0.7952	*
		10000	0.8887	0.9991	*	0.1141	*
新型混沌序列	0.348	1000	0.0666	0.1442	0.8649	0.8967	0.0358
	0.213	10000	0.4473	0.3379	0.3545	0.8374	0.6525
	0.546	1000	0.7043	0.4546	0.4083	0.7952	0.7362
	0.638	10000	0.2543	0.9920	0.4162	0.9673	0.8142

由表格中测试结果对比可知，初始值和迭代次数对于 P-value 值有一定影响，适当增加迭代次数可以提高新型双混沌序列的随机性能，但对 Logistic 序列没有影响。Chebyshev 序列中游程测试、近似熵测试未能通过，且其序列随机性能最差。综上所述，新型双混沌序列具有较好的随机性能。

9.5　混沌水声扩频通信系统仿真

9.5.1　仿真模型

根据上述原理及结构说明构建混沌同步扩频通信系统的 SIMULINK 仿真

模型，其结构模型图如图 9.10 所示。

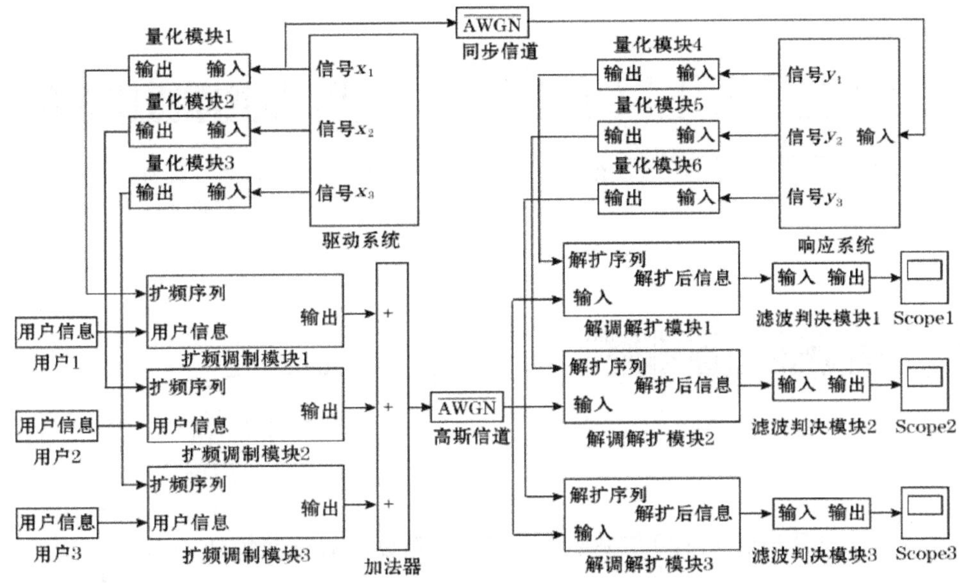

图 9.10　混沌同步扩频通信系统仿真模型

如图 9.10 所示，量化模块用于将输入的混沌信号通过采样、量化、二进制转换等步骤变成扩频序列；驱动系统通过 PC 同步法实现与响应系统同步；用户信息模块用于产生系统信号数据；扩频调制模块能够对输入信号进行扩频调制，扩频信号来源于驱动系统信号的量化输出；解调解扩模块针对接收端信号分别进行数据解调和解扩运算，实现与发送端信号的同步捕获及跟踪；滤波判决模块能够一定程度地滤除信号中的噪声干扰等，恢复出接收信号中的用户信号数据。

9.5.2　仿真结果

若扩频通信的信噪比为 0 dB, 假设信号在接收端传输过程中噪声干扰为零，现以用户 1 为例，进行扩频通信系统的仿真分析，结果如图 9.11 所示。其中仿真总计 20 s，图 9.11 显示为用户信息和恢复信号的 20 s 数据、扩频码和扩频后信号的前 3 s 数据。

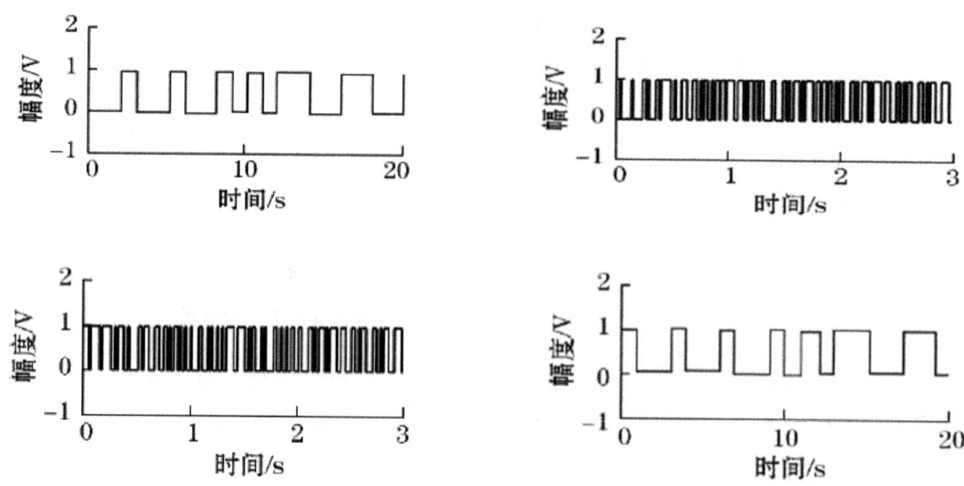

(a) 用户信息; (b) 扩频码; (c) 扩频后信息; (d) 恢复信息

图 9.11　混沌同步扩频通信系统仿真结果

图 9.11 中，横纵坐标分别表示仿真时间和信号幅度。对比图 (a)、图 (b)、图 (c)、图 (d)，可以发现用户信息与恢复信息、扩频码与扩频后信息基本一致，扩频后信息出于信道噪声、同步头等原因相比扩频码稍有变化，恢复信息比用户信息数据延迟约 1 s，这是由于在滤波判决过程中滞环比较器及噪声干扰的影响。

混沌同步扩频通信系统的性能受诸多因素影响，其中最为主要的影响来源于信道噪声 (包括同步信道噪声和扩频信道噪声)，它是决定通信系统优劣程度的关键。为判断噪声对系统性能的影响程度，需要进行如下仿真分析。若保证同步信号 $x_1(t)$ 不受信道噪声干扰，且在扩频通信系统的信道中加入了高斯白噪声，此时对整个系统进行仿真，仿真结果如图 9.12 所示。

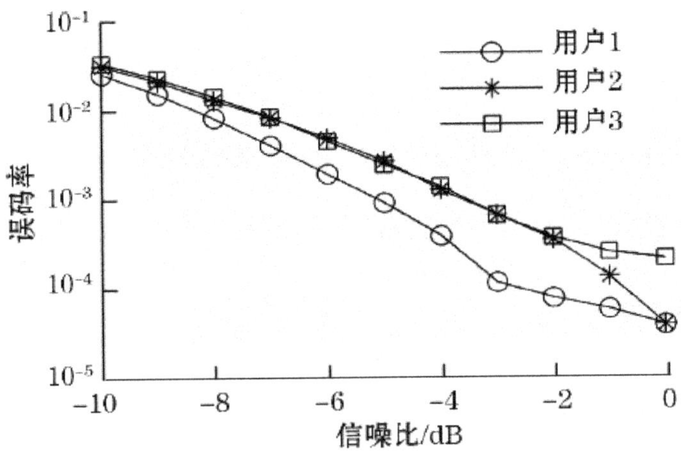

图 9.12　通信系统误码率与信噪比关系

图 9.12 为系统误码率与信噪比之间的关系。由图可知，低信噪比对应较低的系统误码率，两者之间成正比关系。如信噪比为 −3 dB 时，三个用户的误码率均在 10^{-3} 以下，保持着不错的通信质量。当同步信号受到信道的噪声影响，例如在同步信道中加入高斯白噪声后进行系统的仿真试验，之后再次对比误码率与信噪比，其关系如图 9.13 所示。

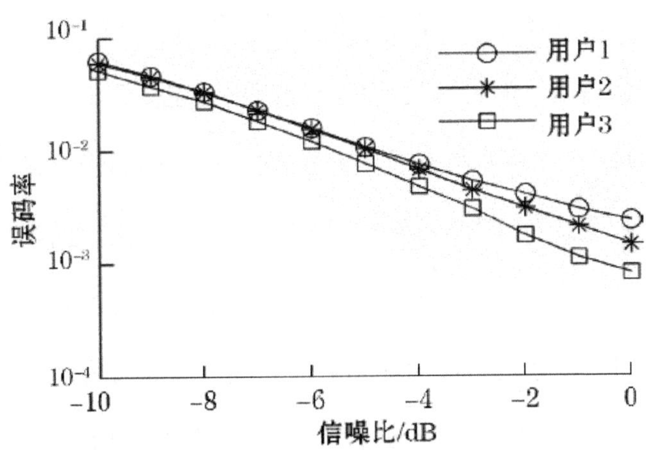

图 9.13　同步信号受噪声干扰时系统误码率与信噪比关系

由图 9.12 与图 9.13 对比可知，混沌同步扩频通信系统的误码率在同步信号收到噪声干扰后变化显著，呈现明显上升势头。但是当信噪比为 5 dB 时，系统的误码率仍然可以维持在 10^{-2} 以上，说明受到噪声影响的系统仍然具有不错的性能表现。

同步信道中加入高斯白噪声，同时使系统信噪比维持在 0 dB，此时观察通信误码率与不同方差的高斯白噪声之间的关系变化，仿真结果如图 9.14 所示。

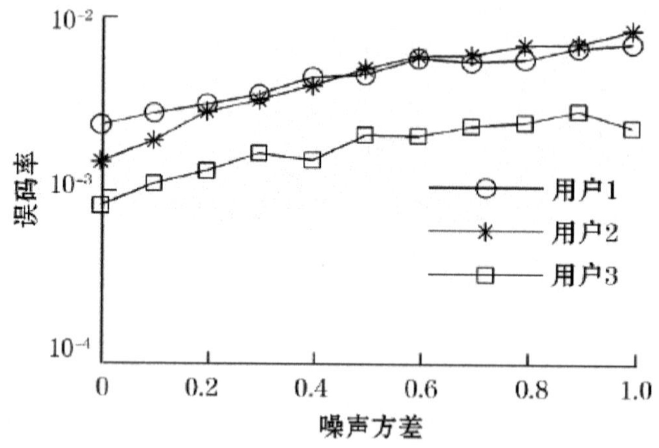

图 9.14 通信系统误码率与噪声方差关系

由图 9.14 所示，系统误码率随着噪声方差的增加而增加，说明同步信号受到噪声干扰对系统通信效果有一定影响，但是系统仍然具有较低的误码率。

决定扩频系统通信质量的关键是系统收发两端的完全同步，一般做法是在接收端添加同步模块 (用于同步捕获及跟踪)，实现扩频码同步及载波同步。这种方法虽然有效，但是增加了模块设计和资源的损耗及系统通信的响应时间。采用混沌同步与扩频通信相结合的方法既能产生性能优越的扩频序列，又能在保证收发同步的同时减少系统资源消耗和响应时间，提高通信效率。通过上述结果分析，进一步阐明混沌同步的有效性及它应用于扩频通信系统的优越表现，即在噪声干扰前提下依然保持较低误码率，说明其具有较高可行性、稳定性，可以进行进一步研究。

9.6 本章小结

本章首先对混沌同步的概念进行介绍，然后提出几种常用的混沌同步方法，包括驱动－响应同步法、相互耦合同步法、反馈控制同步法等，再对提出的几种方法在性能及适用范围等方面进行比较与分析，阐述各自的优势和局限性。接下来详细介绍了混沌扩频同步，提出了基于混沌同步的扩频通信系统，并根据提出的系统进行仿真分析，观察无噪声情况下系统的通信效果及有信道噪声情况下系统误码率与信噪比、噪声方差之间的关系，发现噪声干扰对系统有一定影响，但系统误码率依然较低，说明系统具有稳定性、可靠性，且降低了资源消耗，减少了响应时间，接着进一步验证了同步技术对通信质量的影响及对混沌水声扩频通信系统的关键性的作用。

第 10 章
混沌水声扩频通信的抗多径效应

水声通信是多径效应比较严重的无线通信，目前处理多径效应主要采用频谱扩展、RAKE 接收机、自适应波束形成、自适应均衡、阵列信号处理等方法。RAKE 接收机通过信号分集接收充分利用多径能量，从而提高信噪比和降低误码率。另外，扩频通信的保密性即抗截获性跟 PN 码及其数量紧密相关，但是 m 序列、Gold 序列等传统 PN 码的数量十分有限，若用混沌序列取代传统 PN 码，能很好地解决 PN 码数量不足的问题。本章主要研究 RAKE 接收机在水声扩频通信抗多径效应中的应用，其中的 PN 码用混沌序列代替，构成混沌水声扩频通信系统。

10.1　混沌水声扩频通信简介

混沌水声扩频通信的数学模型如图 10.1 所示，它的显著特征是考虑多径水声信道，而且将 PN 码发生器更换为混沌序列发生器。由于混沌序列对初值极端敏感，长期难以预测，具有类随机特性，所以能够大大提高抗截获通信能力。以 Logistic 映射为例，动力方程定义为：$x_{n+1}=\mu x_n(1-x_n)$，其中，μ 为分岔参数，当 $x_n \in (0,1)$ 且 $3.5699456<\mu \leqslant 4$ 时，Logistic 映射处于混沌状态。

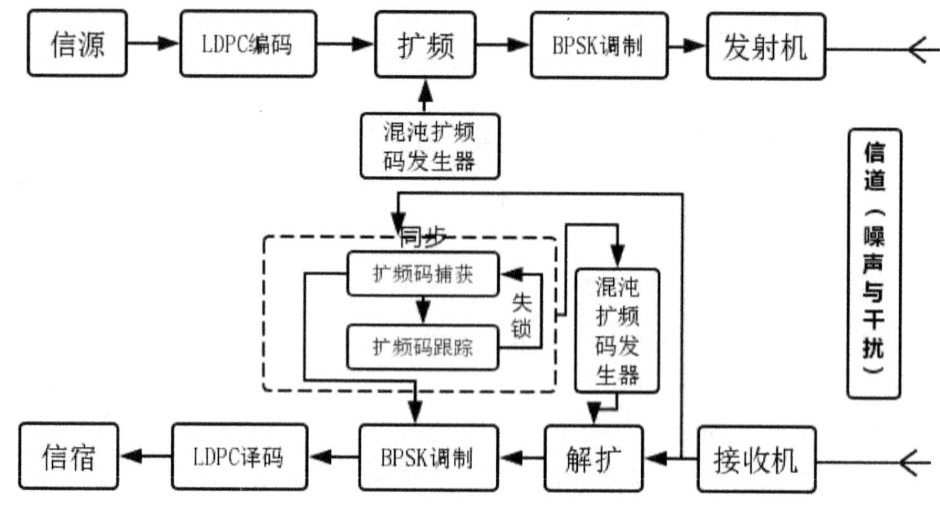

图 10.1　混沌扩频水声通信的基本结构

10.2　RAKE 接收机

10.2.1　分集接收技术

多径效应主要是指多径衰落。当多径衰落发生时容易出现误码，通常考虑应用分集接收技术进行解决。分集接收的思路是：考虑多个独立的衰落信道，使同一信息数据在不同信道上传输，在接收端把来自不同信道的数据按照特定算法进行合并。由于多条独立的衰落信道同时发生深度衰落的概率非常小，所以分集技术可以有效降低信号起伏造成的码间串扰，从而使误码率得以改善。分集接收技术有两个阶段：一是分散传输，将同一信息数据通过多个独立衰落信道进行传输；二是集中合并，把同一信号的不同独立衰落复制品进行合并处理。分集技术主要有频率分集、时间分集、空间分集、路径分集等。在水声扩频通信中，通常采用路径分集技术，即 RAKE 接收技术或 RAKE 接收机。

10.2.2　RAKE 接收机的工作原理

扩频通信本身具有一定的抗多径能力。信道传输出现的时延扩展，可以看作信号的再次传输，由于选用的扩频码具有很好的自相关特性，多径时延超过扩频码的一个切普时，可以看作互不相关，所以在接收端进行相关处理后，可以将多径信号当作噪声干扰进行处理，从而遏制多径影响。RAKE 接收机将上述废弃的多径信号变害为利，通过收集来增强信号的总能量，从而提高信噪比和降低误码率。RAKE 接收机的工作原理如图 10.2 所示。

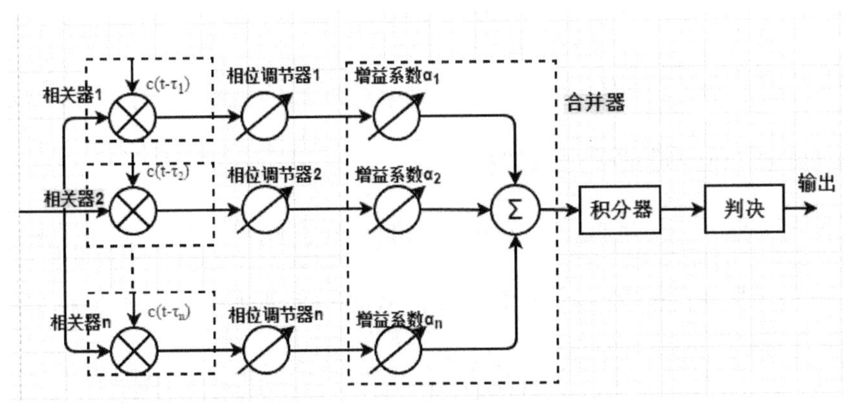

图 10.2　RAKE 接收机的工作原理

RAKE 接收机中设置了多个相关器，每个相关器中本地扩频码的时延分量对应多径信号的时延分量，利用扩频码的自相关特性，可以分离出相互独立的多径信号。具体地，通过相位调节器将各径信号保持至同一信息码位置，然后在合并器中按照特定算法进行加权求和，再在整个扩频地址码长度内进行积分并求平均值，最后以信息符号长度为周期进行抽样判决，输出判决结果即作为原始信息数据。

10.2.3 RAKE 接收机的多径估计

RAKE 接收机的支路数即相关器个数及相位校正幅度，一般是事先未知的。假设 RAKE 接收机相关器间的固定时延为 T，接收信号的最大时延为 $\tau_{\max}$，则所需要的延迟抽头个数如公式 (10.1) 所示：

$$N = \frac{\tau_{\max}}{T} \tag{10.1}$$

这种 RAKE 接收机属于固定抽头类型。一般来说，抽头数越多，分集接收效果越好。当多径效应严重时，所需抽头数很多，但是抽头数增加到一定限度后，分集接收效果不再明显增强，此时靠单纯增加抽头数解决问题会造成资源浪费，需要先进行信道估计再设置抽头数。

信道估计通常与同步检测一起进行，通过检测同步头信号的相关峰，可以识别出多径信号中能量较强的 N 个信号，从而确定抽头个数。根据相关峰的相对时间间隔和相对峰值，能够得到各路径时延和相对幅度，再确定相位调节器的调节幅度和增益系数。这种 RAKE 接收机在保障通信性能的情况下，既节约了资源，又降低了结构复杂度。RAKE 接收机的结构组成如图 10.3 所示。

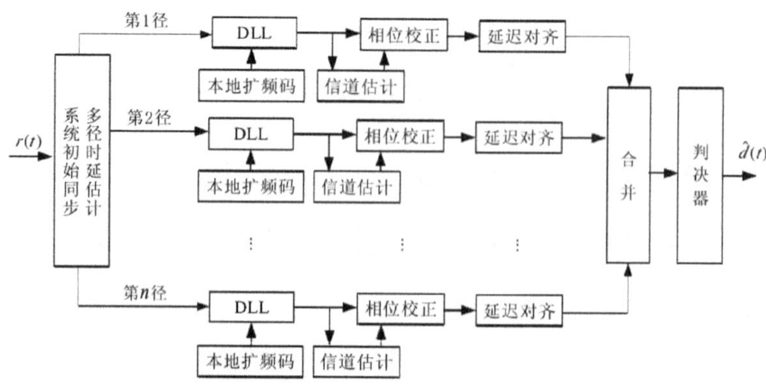

图 10.3 RAKE 接收机的结构框图

10.2.4　RAKE 接收机的信号合并

信号合并一般有选择性合并、最大比合并和等增益合并三种方式供选择。

(1) 选择性合并。它是在 n 条独立的衰落信号支路中选择信噪比最大的一条支路，舍弃掉其他 $n-1$ 条支路，即输出信噪比最大的那条路径的加权系数 $\alpha(t)$ 为 1，其余为 0。

(2) 最大比合并。它是对每条独立衰减路径的信号赋予不同的权值，使各路信号同相相加后输出信噪比最大，其中各条路径的加权系数等于当前路径信号能量与总路径信号能量的比值，如公式 (10.2) 所示：

$$a_i(t)=\frac{E_i}{\sum_{i=1}^{n}E_i} \tag{10.2}$$

其中，E_i ——第 i 条路径的信号能量。多径信号经过各路相关器后的输出和多径增益系数分别设定为 $y_i(t)$ 和 $\alpha_i(t)$，$i=1,2,3\cdots n$，信号合并即加权求和后，得到的输出信号如公式 (10.3) 所示：

$$Z(t)=\sum_{i=1}^{n}y_i(t)\alpha_i(t) \tag{10.3}$$

根据公式 (10.3)，采用最大比合并时，某路径的信号能量越小，则加权系数也越小，这意味着衰落严重的路径在合并处理中所占比例很小，对合并信号造成的影响也越小，因此输出信噪比最大，但对信道衰落程度需要精确估计，这反过来又增加了实现复杂度。

(3) 等增益合并。它是对 n 条独立的衰落路径赋予相同的权值 1，算法简单，但是当 n 条路径信噪比差距悬殊时，衰落严重的信号会被放大，然后参与合并，会影响整体信噪比。

10.3 RAKE 接收机的性能仿真

10.3.1 仿真模型

本节应用 Simulink 平台搭建水声混沌扩频通信的 RAKE 接收机仿真模型，其中扩频码采用 Logistic 映射，初值 $x_0=0.7$，分形参数 μ=3.98，其他参数设置如表 10.1所示。

表 10.1 仿真参数

主要参数	量值
信息码速率	39.37bps
扩频码	混沌序列
映射方式	Logistic 映射
码速率	5000bps
调制方式	DS-BPSK
系统带宽	5kHz
采样频率	5000Hz
脉冲成形技术滚降系数	0.25
信道编码	LDPC 编码

（1）信号发送模块。信号发送模块如图 10.4 所示，采用（756,3,9）型 LDPC 编码，即码长 756 比特，行重 9，列重 3，码率 R=2/3，校验矩阵 H 的行列数是 252 和 756。

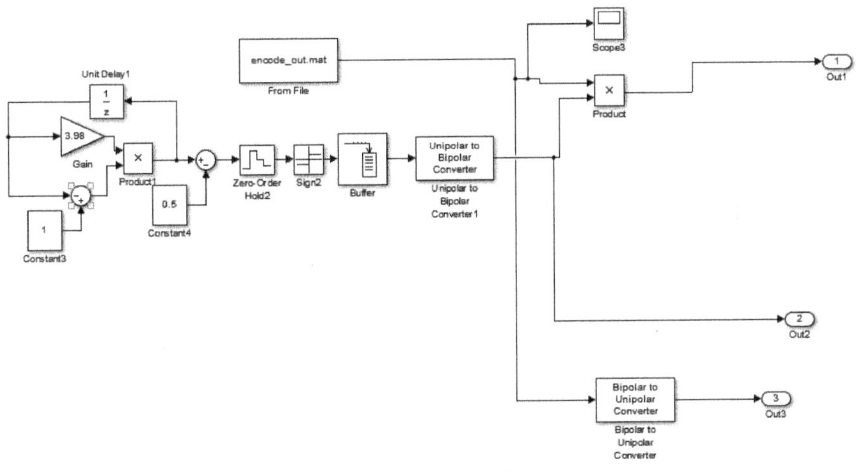

图 10.4　信号发送模块的模型

（2）多径处理模块。如图 10.5 所示，设定水声信道有 4 条路径，各路径的时延分别设置为 4 ms、6 ms、8 ms、10 ms，衰减系数分别为 0.8、0.4、0.3、0.2；利用 [Sine Wave] 模块产生 500 Hz 的单频正弦波作为干扰信号，信号通过加法器合并，再通过高斯白噪声信道。

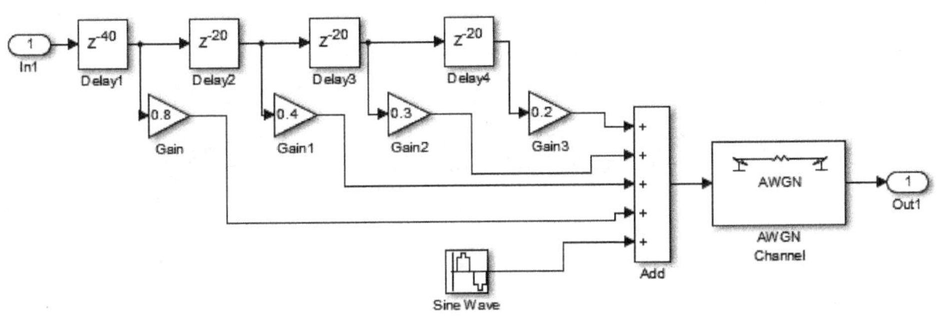

图 10.5　多径处理模块

（3）信号接收模块。如图 10.6 所示，主要是 RAKE 接收机，信号 1 是本地 PN 码，信号 2 是经过水声信道后的接收信号。本地 PN 码时延后，获得与各路径相同的码位，然后通过乘法器完成各路径信号的解扩。在不同的 RAKE "手指" 相关器中，只有与本地 PN 码同步的路径信号才能被分离出来，而其余路径的信号被当作噪声滤除。最后，将分离出的各路信号对齐，按照算法进行合并和输出，本仿真采用等增益信号合并方式。

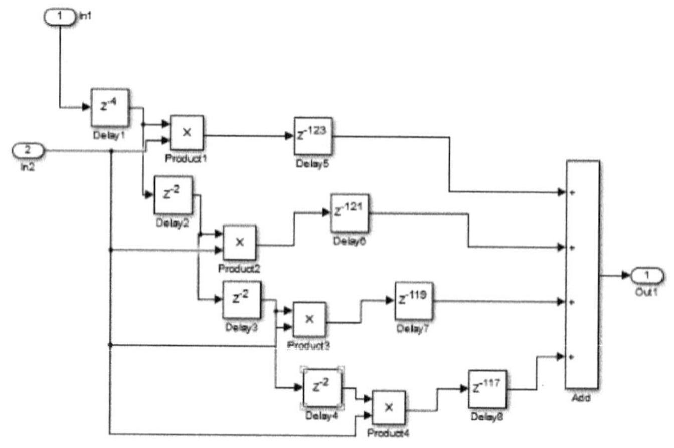

图 10.6　RAKE 接收机结构图

10.3.2　仿真分析

RAKE 接收机仿真模型如图 10.7 所示，下面针对几种情况分析仿真结果。

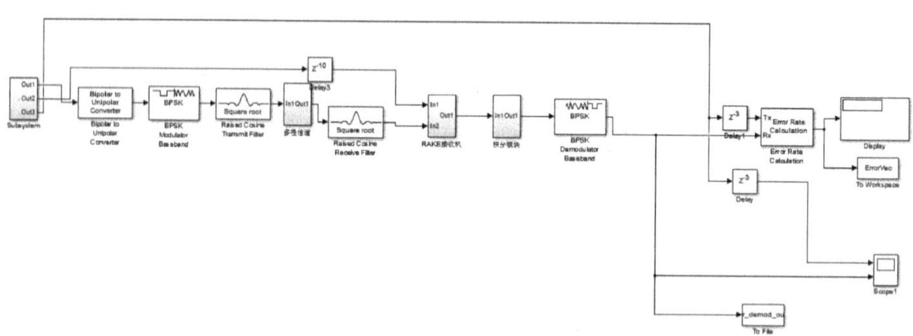

图 10.7　RAKE 接收机仿真模型

(1) 未采用 RAKE 和采用 RAKE 接收机的性能仿真。两种情况下所获得的误码率与信噪比曲线如图 10.8 所示。可见混沌水声扩频通信采用 RAKE 接收机后，误码率明显降低。这是因为 RAKE 接收机采用了分集接收技术，有效利用了各条路径的信号分量，增加了总体信号能量，使信噪比和误码率得到了改善。

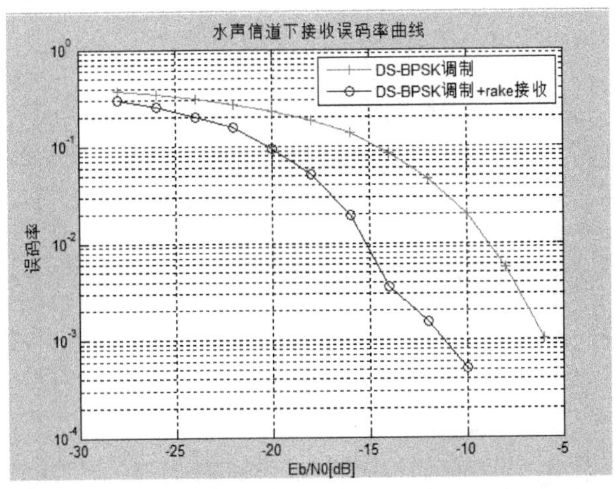

图 10.8　采用 RAKE 和未采用 RAKE 对应的误码率

(2) 采用混沌序列和传统 PN 码的水声扩频通信性能仿真。两种情况下对应的误码率如图 10.9 所示，可见在信噪比相同的情况下，混沌水声扩频通信的误码率更低。

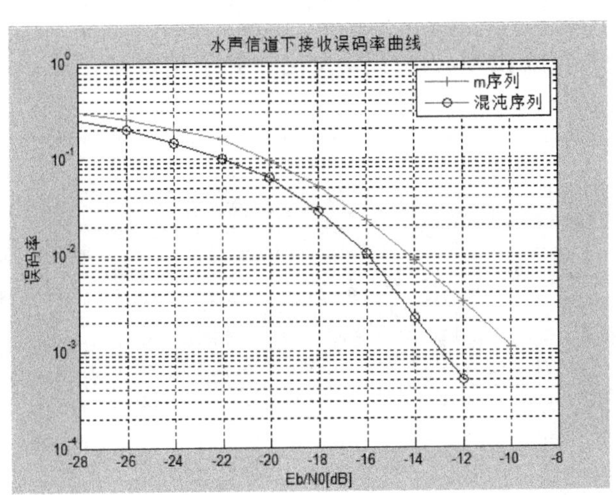

图 10.9　采用混沌序列与采用 PN 码对应的误码率

(3) RAKE 接收机中，“手指”数 (即抽头数) 不同对通信性能的影响。如图 10.10 所示，误码率随抽头数的增加而明显降低。抽头数增加实际意味着硬件更复杂，而且仿真表明当增加到一定数目后，效果很不明显。因此，实际中抽头数的选择需要兼顾实现复杂度。

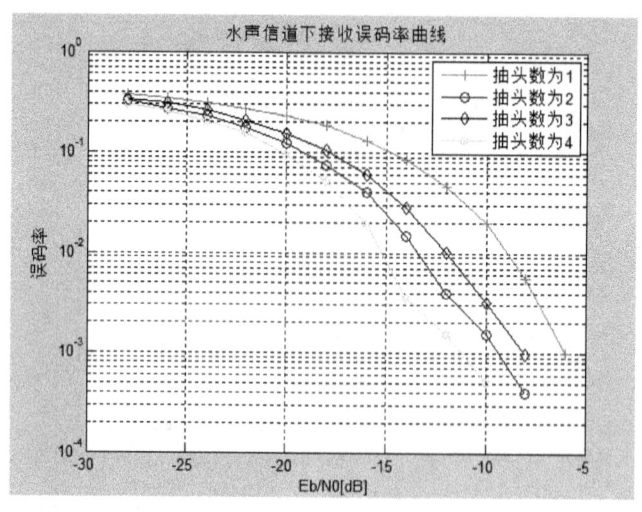

图 10.10　不同接收“手指”数的误码率比较

（4）不同信号合并方式对通信性能的影响。不同合并方式产生的误码率曲线如图 10.11 所示，其中最大比合并性能最优，选择式合并最差，等增益合并介于中间。仿真结果还表明，等增益合并跟最大比合并的误码率曲线近乎重叠，说明两者在性能上旗鼓相当。由于最大比合并结构复杂，所以本书选用等增益合并方式。

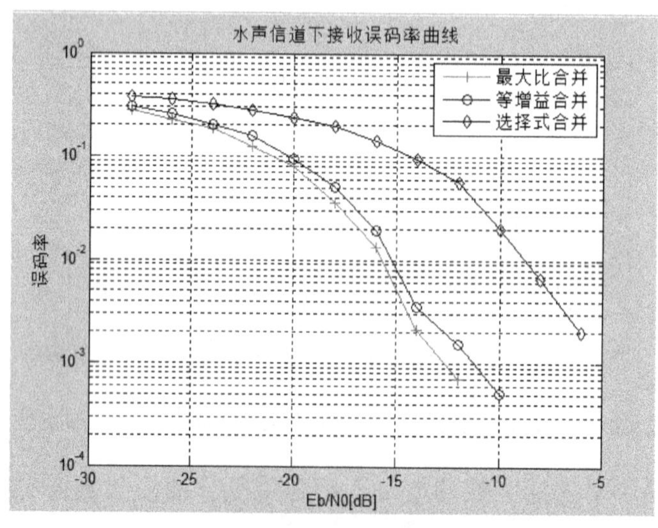

图 10.11　不同信号合并方式对应的误码率

10.4　本章小结

本章研究了水声混沌扩频通信的多径效应及 RAKE 接收机解决方案，分析了混沌序列、信号合并方式、抽头数量对通信性能的影响。仿真结果表明，RAKE 接收机通过信号分集接收，能够显著提高混沌水声扩频通信的通信质量。

参考文献

[1] 孟庆生 . 信息论 [M]. 西安 : 西安交通大学出版社 , 1986.

[2] 朱雪龙 . 应用信息论基础 [M]. 北京 : 清华大学出版社 , 2001.

[3] 叶中行 . 信息论基础 [M]. 北京 : 高等教育出版社 , 2007.

[4] 周炯槃 . 信息理论基础 [M]. 北京 : 人民邮电出版社 , 1983.

[5] 傅祖芸 . 信息论——基础理论与应用（第 4 版）[M]. 北京 : 电子工业出版社 , 2015.

[6] 曾一凡 . 扩频通信原理 [M]. 北京 : 机械工业出版社 , 2005.

[7] 曾兴雯 , 刘乃安 , 孙献璞 . 扩展频谱通信及其多址技术 [M]. 西安 : 西安电子科技大学出版社 , 2004.

[8] 许丽艳 , 李雪梅 , 于瑞涛 . 扩展频谱通信系统的仿真 [J]. 青岛大学学报（工程技术版）, 2000, 15(4) : 50-52.

[9] 朱近康 . 扩展频谱通信及其应用 [M]. 合肥 : 中国科学技术大学出版社 , 1993.

[10] Stojanovski T, Kocarev L. Chaos-Based random number generators-Part I: Analysis[J]. IEEE Trans, on Circuits System-I: Fundamental Theory and Applications, 2001, 48(3) : 281-288.

[11] 丘水生 , 陈艳峰 , 吴敏 , 等 . 一种新的混沌加密系统方案原理 [J]. 电路

与系统学报，2006, 11(1)，98-103.

[12] Pecora L.M, Carroll T. L. Driving System with chaotic signal [J]. Phys. Rev. Lett., 1991, A44(4)：2374-2383.

[13] Brown R, Chua L O. Clarifying chaos: examples and counter examples [J]. Int. J. Bifur. Chaos, 1996, 6(2)：219-249.

[14] 张晓蓉，吴成茂，李文学．基于混沌与自编码相融合的扩频码构造方法 [J]. 计算机科学，2015(3)：42-46, 70.

[15] 李振国．混沌扩频序列性能浅析 [J]. 中小企业管理与科技（中旬刊），2015(2)：199-200.

[16] 张严平，陆锐敏，马世旺．一种混合混沌序列的研究 [J]. 通信技术，2015(3)：267-271.

[17] 张晓丹，王启立．一类分数阶超混沌系统及其在扩频通信中的应用 [J]. 工程科学学报，2015(5)：668-675.

[18] 万康，谢绍斌，翁木云，等．新的混沌扩频序列抗多址性能的 Simulink 仿真 [J]. 电子科技，2016(1)：75-77, 82.

[19] 张严平，陆锐敏．一种改进的混沌扩频序列优选算法 [J]. 计算机工程，2016(3)：121-124.

[20] 朱海，葛德宏，陈建华，等．深海潜标多螺旋桨推力姿态控制仿真 [J]. 舰船科学技术，2016(7)：7-11.

[21] Lorenz E N. 混沌的本质 [M]. 刘式达，刘式适，严中伟，译．北京：气象出版社，1997.

[22] 郝柏林．从抛物线谈起——混沌动力学引论 [M]. 上海：上海科技教育出版社，1993.

[23] 丘水生 . 奇异吸引子的细胞模型及混沌存在定理的建立 [J]. 华南理工大学学报 , 1996, 24(6) : 134-137.

[24] Lorenz E N. Deterministic nonperiodic flow[J]. J. Atmos. Sci. 1963 (20) :130-141.

[25] Li T Y, Yorke J A. Period three implies chaos [J]. American Mathematical Monthly, 1975, 82(10) : 985-992.

[26] Pecora L M, Carroll T L. Synchronization in chaotic system[J]. Phys. Rev. Lett, 1990, 64(8) : 821-824.

[27] 陈紫强 , 舒亮 , 谢跃雷 . 一种高安全性的级联型混沌扩频序列 [J]. 电信技术 , 2016(5) : 476-482.

[28] 姜艳 . 一种无特征混沌扩频波形的设计 [J]. 通信技术 , 2016 (8) : 986-991.

[29] 宋磊 , 胡金华 , 张卫 , 等 . 新型潜标系统综合保障体系架构设计 [J]. 舰船电子工程 , 2016(8) :1- 4+183.

[30] 舒秀军 , 王海斌 , 汪俊 , 等 . 一种多通道混沌调相扩频方式及其在水声通信中的应用 [J]. 声学学报 , 2017(2) : 159-168.

[31] 张新书 . 混沌直扩通信在水文自动测报系统中的应用 [J]. 舰船科学技术 , 2017(4) : 130-132.

[32] 于一丁 , 王永川 , 王长龙 . 基于多值量化的混沌扩频序列及其性能分析 [J]. 微型机与应用 , 2017(6) : 58-61.

[33] 丘水生 . 混沌吸引子细胞模型研究的新结果 [A]. 中国第十四届电路与系统学术年会论文集 [C]// 福州 : 1998.

[34] 钟晓旭 , 曾庆虹 , 丘水生 , 等 . 混沌吸引子中周期轨道的仿真研究 [M].

广州：暨南大学，1998(1)：88-92.

[35] 蓝俊锋，丘水生．混沌系统周期轨道的统计特性研究 [J]. 桂林电子工业学院学报，1999(4)：48-51.

[36] 兰祝刚，钟晓旭，彭魏，等．混沌吸引子周期轨道分布的研究 [J]. 昆明理工大学学报，2000(1)：133 -136+139.

[37] 丘水生，蓝俊锋，彭魏，等．混沌吸引子统计特性的一种分析方法 [J]. 华南理工大学学报，2000, 28(4)：6-10.

[38] 丘水生，陈艳峰，吴敏，等．混沌保密通信的若干问题及混沌加密新方案 [J]. 华南理工大学学报，2002, 30(11)：75-80.

[39] Dachselt F, Schwarz W. Chaos and cryptography [J]. IEEE Trans. Circuits Sys. I, 2001, 48(12)：1498-1509.

[40] Crutdhfield J. Chaos [J]. Sci. Amer.,1986, 255: 46-57.

[41] Yang T, Chua L O. Impulsive stabilization for control and synchronization of chaotic systems [J]. IEEE Trans. Circuits Syst. I, 1997, 44（10）：976-988.

[42] Kocarev L, Parlitz U. General approach for chaotic synchronization with applications to communication[J], Phys. Rev. Lett. 1993, 74（25）：5028-5031.

[43] Kocarev L. Chaos based cryptography: A brief overview [J]. IEEE Circuit and system Magazine, 2001, 1(3)：6-21.

[44] Kocarev L,Jakimoski Q Stojanovski T, *et al*. From chaotic maps to encryption schemes [A]. Proc. IEEE Int. Symposium on Circuits and Systems [C]//Omni Press, 1998: 514-517.

[45] Stojanovski T, Kocarev L. Chaos-Based random number generators-Part I: Analysis[J]. IEEE Trans, on Circuits System-I: Fundamental Theory and Applications, 2001, 48(3) : 281-288.

[46] Rhodes C W. Interference to digital broadband communications and spread spectrum communicationsJ]. IEEE Trans on Consumer Electronics, 2012, 58(1): 15-22.

[47] 晋建秀，丘水生，谢丽英，等. 一种基于周期轨道统计的混沌信号不可预测性强弱的检测方法 [J]. 物理学报，2008, 57(5) : 2743-2749.

[48] 周武杰，禹思敏. 基于现场可编程门阵列技术的混沌数字通信系统——设计与实现 [J]. 物理学报，2009, 58(1) : 119.

[49] Daniel D. Wheeler. Problems with Mitchell's nonlinear key generators [J]. Cryptologia, 1991, XV (4) : 355-151.

[50] A. Argyris, D. Syvridis, L. Larger, *et al*. Chaos-based communications at high bit rates using commercial fibre-optic links [J]. Nature, 2005, 438: 343-346.

[51] QIU Shui-sheng. A cell model of chaotic attractor [A]. KANG Steve, SIU Wan-chi. Proc IEEE IS-CAS, 97[C]//Hong Kong: 1997.

[52] Lathrop D P, Kotelich E J. Characterization of an experimental strange attractor by periodic orbits [J]. Phys Rev A, 1989, 40(7) : 4028 - 4031.

[53] Qiu Shui-Sheng. Study of existence and structure of chaotic attractors [A]. Proc. Int. Symp. on Nonlinear Theory and Its Applications [C]//Xi an, 2002.

[54] Matthews Robert A J. On the derivation of a “chaotic” encryption algo-

rithm[J]. Cryptologia. 1989, XIII（1）: 29-42.

[55] 黄润生 . 混沌及其应用 [M]. 武汉 : 武汉大学出版社 ,2000.

[56] 吕金虎 , 陆君安 , 陈士华 . 混沌时间序列分析及其应用 [M]. 武汉 : 武汉大学出版社 , 2002.

[57] 张琪昌 , 王洪礼 , 竺致文 , 等 . 分岔与混沌理论及应用 [M]. 天津 : 天津大学出版社 , 2005.

[58] 陈关荣 , 汪小帆 . 动力系统的混沌化——理论、方法与应用 [M]. 上海 : 上海交通大学出版社 , 2006.

[59] 刘曾荣 . 混沌的微扰判据 [M]. 上海 : 上海科技教育出版社 ,1994.

[60] 禹思敏 . 混沌系统与混沌电路——原理、设计及其在通信中的应用 [M]. 西安 : 西安电子科技大学出版社 , 2011.

[61] 方锦清 . 驾驭混沌与发展高新技术 [M]. 北京 : 原子能出版社 , 2002.

[62] 丁存生 , 肖国镇 . 流密码学及其应用 [M]. 北京 : 国防工业出版社 , 1994.

[63] 冯登国 . 密码分析学 [M]. 北京 : 清华大学出版社 , 2000.

[64] 胡远达 . 无线扩频通信技术简述 [J]. 现代通信 ,2003(5) :6-16.

[65] 暴宇 , 李新民 . 扩频通信技术及应用 [M]. 西安：西安电子科技大学出版社 ,2011.

[66] 田日才 . 扩频通信 [M]. 北京 : 清华大学出版社 , 2007 .

[67] 何世彪 . 扩频技术及其实现 [M]. 北京 : 电子工业出版社 , 2006.

[68] 代敏，禹思敏，罗玉玲 . 匹配滤波器同步捕获技术 FPGA 设计 [J]. 通信技术，2010, 43(2) : 13-16.

[69] 宗振 , 蔡晓冬 , 刘玉良 . 用于水声扩频通信同步捕获的新型匹配滤波器

设计 [J]. 浙江海洋学院学报 , 2016, 35(3) : 249-252.

[70] 周锋 , 尹艳玲 , 乔钢 . 猝发混合扩频水声隐蔽通信技术 [J]. 声学学报 , 2017, 42(1) : 37-47.

[71] 佟学俭 , 罗涛 . OFDM 移动通信技术原理与应用 [M]. 北京 : 人民邮电出版社 , 2003.

[72] B.LeFloeh, M.Alard, C.Berrou. Coded Orthogonal Frequency Division Multi Plexing Used in Communieation[J]. IEEE Transactions on Connunieations.2003, 1983(6) :982-984.

附录1　DS-CDMA 通信系统仿真代码

```
%main.m
% ++++++++++++ 准备部分 ++++++++++++
clear all;
clc
sr = 100000.0;% 符号速率
ml = 2;% 调制阶数
br = sr * ml;% 比特速率
nd = 100;% 符号数
SNR=-5:1:10;%Eb/No
%++++++++++++++++++++++++++++++++
%+++++++++++ 扩频码初值设定 ++++++++++
user = 2;% 用户数
seq = 1;%1: m 序列 2: Gold 序列 3: 正交 Gold 序列
stage = 10;% 序列阶数
lenPN = 2^stage-1;%PN 码长度
csr = sr * lenPN;% 扩频后符号速率
cbr = csr * ml;% 扩频后比特速率
```

```
ptap1 = [1 4];% 第一个线性移位寄存器的系数
ptap2 = [2 3];% 第二个线性移位寄存器的系数
regi1 = ones（1,stage）;% 第一个线性移位寄存器的初始化
regi2 = ones（1,stage）;% 第二个线性移位寄存器的初始化
%++++++++++++++++++++++++++++++++
%+++++++++++ 滤波器初值设定 ++++++++++
irfn = 21; % 滤波器阶数
IPOINT = 8; % 过采样倍数
alfs = 0.5; % 滚降因子
[xh] = hrollfcoef（irfn,IPOINT,csr,alfs,1）;
[xh2] = hrollfcoef（irfn,IPOINT,csr,alfs,0）;
%++++++++++++++++++++++++++++++++
disp（'--------------start-------------------'）;
%++++++++++++++++++++++++++++++++
%+++++++++++ 扩频码产生 ++++++++++++
for ebn0=-5:1:10
    switch seq
        case 1%m 序列
            code = mseq（stage,ptap1,regi1,user）;
        case 2 %Gold 序列
            m1   = mseq（stage,ptap1,regi1）;
            m2   = mseq（stage,ptap2,regi2）;
            code = goldseq（m1,m2,user）;
```

```
        case 3% 正交 Gold 序列
            m1  = mseq（stage,ptap1,regi1）;
            m2  = mseq（stage,ptap2,regi2）;
            code = [goldseq（m1,m2,user）,zeros（user,1）];
    end
%end
code = code * 2 - 1;
clen = length（code）;
%++++++++++++++++++++++++++++++
%+++++++++ 信道衰减初值设定 ++++++++++
rfade = 1;% 瑞利衰减 0：不考虑 1：考虑
itau = [0,8];% 延时
dlvl1 = [0.0,40.0];% 衰减电平
n0 = [6,7]; % 用于产生衰落的波数
th1 = [0.0,0.0];% 延迟波形的初始相位
itnd1 = [3001,4004];% 设置衰落计数
now1 = 2;% 主径和延迟波形总数
tstp = 1 / csr / IPOINT / clen;% 时间分辨率
fd = 160;% 多普勒频移 [Hz]
flat = 1;% 平坦瑞利衰落环境
itndel = nd * IPOINT * clen * 30;
%++++++++++++++++++++++++++++++
%++++++++++ 仿真运算开始 ++++++++++++
```

```
nloop = 10;% 仿真循环次数
noe = 0;
nod = 0;
for ii=1:nloop
%++++++++++++++++++++++++++++++++
%++++++++++++ 发射机 ++++++++++++++
    data = rand（user,nd*ml）> 0.5;
    [ich, qch] = qpskmod（data,user,nd,ml）;%QPSK 调制
    [ich1,qch1] = spread（ich,qch,code）;% 扩频
    [ich2,qch2] = compoversamp2（ich1,qch1,IPOINT）;% 过采样
    [ich3,qch3] = compconv2（ich2,qch2,xh）;% 滤波
    if user == 1
        ich4 = ich3;
        qch4 = qch3;
    else
        ich4 = sum（ich3）;
        qch4 = sum（qch3）;
    end
%++++++++++++++++++++++++++++++++
%+++++++++++ 衰减信道 ++++++++++++++
    if rfade == 0
        ich5 = ich4;
        qch5 = qch4;
```

```
    else
        [ich5,qch5] = sefade（ich4,qch4,itau,dlv11,th1,n0,itnd1,now1,length
（ich4）,tstp,fd,flat）;
        itnd1 = itnd1 + itndel;
    end
%++++++++++++++++++++++++++++++++
%++++++++++++ 接收机 ++++++++++++++
      spow = sum（rot90(ich3.^2 + qch3.^2)）  / nd; % 衰减计算
      attn = sqrt（0.5 * spow * csr / cbr * 10^（-ebn0/10)）;
      [ich6,qch6] = comb2(ich5,qch5,attn）;% 添加高斯白噪声
      [ich7,qch7] = compconv2(ich6,qch6,xh2）;% 滤波
        sampl = irfn * IPOINT + 1;
        ich8  = ich7(:,sampl:IPOINT:IPOINT*nd*clen+sampl-1）;
        qch8  = qch7(:,sampl:IPOINT:IPOINT*nd*clen+sampl-1）;
        [ich9 qch9] = despread（ich8,qch8,code）;% 解扩
        demodata = qpskdemod（ich9,qch9,user,nd,ml）;%QPSK 解调
%++++++++++++++++++++++++++++++++
%++++++++++++ 误码率分析 ++++++++++++
    noe2 = sum（sum（abs（data-demodata)））;
    nod2 = user * nd * ml;
    noe = noe + noe2;
    nod = nod + nod2;
    fprintf（'%d\t%e\n' ,ii,noe2/nod2）;
```

```
end
%++++++++++++++++++++++++++++++++
%+++++++++++++ 数据文件 ++++++++++++
ber = noe / nod;
fprintf（‘%d\t%d\t%d\t%e\n’,ebn0,noe,nod,noe/nod）;
fid = fopen（‘BER.dat’,’ a’）;
fprintf（fid,’ %d\t%e\t%f\t%f\t\n’,ebn0,noe/nod,noe,nod）;
fclose（fid）;
err_rate_final（ebn0+6）=ber;
end
%++++++++++++++++++++++++++++++++
%+++++++++++++ 性能仿真图 +++++++++++
figure
%semilogy（SNR,err_rate_final,’ b-*’）;
plot（SNR,err_rate_final,’ b-*’）;
xlabel（‘信噪比 /dB’）
ylabel（‘误码率’）
axis（[-5,10,0,1]）
grid on
disp（‘--------------end------------------’）;
%++++++++++++++++++++++++++++++++
```

附录2　UA-DSSS通信系统仿真代码

```
clear all; close all; clc
%%          参数设置
fs = 48e3;                  % 采样率
f0 = 4000;                  % 载波频率
Tc_temp = 0.001;            % 码片时长
Ntc = round（fs*Tc_temp）;    % 扩频码采样点数
Tc = Ntc/fs;                % 码片时长
B = 2/Tc;                   % 信号带宽
r=3;                        % 产生 m 序列移位寄存器的阶数，2<r<13
N_chip = 2^r-1;             % 扩频码长度
Ts = Tc*N_chip;             % 信息码长度
Ts_len = N_chip*Ntc;        % 信息码点数
  %         发射二进制比特流和 PN 序列生成
trans_bits_num = 1000;              % 传输的比特数
sig_org = randint（1,trans_bits_num）;    % 传输的数据，随机数
pn_seq = PN_Gen（r）;                 % 产生的 m 序列，为 0，1
pn_seq1 = 1-2*pn_seq;               % 将 m 序列 0，1 转化为 -1，1
```

```
pn_symbol_temp = repmat（pn_seq1,Ntc,1）； %PN 序列码
pn_symbol = pn_symbol_temp（:）；          % 将并行的 m 序列转为串行
  %            对发送比特流进行扩频调制和载波调制
sig_dsss_pre = repmat（sig_org,N_chip,1）；                    % 将比特信息扩展
为码元长度，扩频前比特流
pn_chip = repmat（pn_seq,1,trans_bits_num）；                  %
sig_dsss_seq= 1-2*xor（pn_chip（:）,sig_dsss_pre（:））；            % 对原始比
特进行扩频
sig_dsss_baseband = reshape（(repmat（sig_dsss_seq,1,Ntc））',[],1）；  % 扩频
后的基带信号
pn_baseband = 1-2*reshape（(repmat（pn_chip,Ntc,1））,[],1）；          % 用于接
收端解调的 PN 序列
  t =（0:1/fs:Ts*trans_bits_num-1/fs）'；                      % 时间序列
carrier_sig = cos（2*pi*f0*t）；                         % 本地载波
sig_send = sig_dsss_baseband.*carrier_sig;           % 载波调制后的发射信号
Sig_Len=length（sig_send）；                    % 发射信号时间长度
scatterplot（sig_dsss_seq）
title（'发射信号星座图'）
figure
axes（'fontsize',14）
plot（t（1:480）,sig_send（1:480））% 显示部分发射信号波形，便于观察和理解，
可以自由设置长度
title（'发射信号时域波形'）
```

```
xlabel（‘时间 /s’）
ylabel（‘幅度’）
axis（[0 0.01 -1.1 1.1]）

freq=（-Sig_Len/2+1:Sig_Len/2）*fs/Sig_Len;
figure
axes（‘fontsize’,14）
plot（freq,abs（fftshift（fft（sig_send））））
title（‘发射信号频谱’）
xlabel（‘频率 /Hz’）
ylabel（‘幅度’）
  %%            多径水声信道
Np = 4;             % 多径数
Ap = [1 0.7 0.5 0.3];     % 多径幅度
tau = [0 50 110 200];     % 多径时延，为采样点

Siganl_Rec=zeros（Sig_Len,1）;
for temp=1:Np
Siganl_Rec=Siganl_Rec+Ap（temp）*[zeros（tau（temp）,1）;sig_send（1:Sig_
Len-tau（temp））];   % 信号经过多途信道
end
clear temp
  %%            通信接收端参数设置
```

```
t =（0:1/fs:Ts*trans_bits_num-1/fs）’；
carrier_sig_rec = cos（2*pi*f0*t）；              % 接收端载波
% SNR = -10:-0;
SNR=10;                                 % 设置接收信噪比
lp_filt = fir1（127,（B+100）*2/fs）；             % 低通滤波器
bp_filt = fir1（127,[f0-B/2-100,f0+B/2+100]*2/fs）； % 带通滤波器
N_ci = 1;                      % 蒙特卡洛仿真设置仿真次数
for temp_snr = 1:length（SNR）   % 蒙特卡洛仿真时可以设置不同 SNR
    temp_snr
    for temp_ci = 1:N_ci
        sig_rec1=guassnoise（SNR（temp_snr）,Siganl_Rec,B,fs）; % 加入高斯
白噪声
          figure
          axes（‘fontsize’,14）
          plot（t（1:480）,sig_rec1（1:480））% 显示部分接收信号波形，便于观
察和理解，可以自由设置长度
          title（‘接收信号时域波形’）
          xlabel（‘时间 /s’）
          ylabel（‘幅度’）
            freq=（-Sig_Len/2+1:Sig_Len/2）*fs/Sig_Len;
          figure
          axes（‘fontsize’,14）
          plot（freq,abs（fftshift（fft（sig_rec1））））
```

```
        title（'接收信号频谱'）
        xlabel（'频率 /Hz'）
        ylabel（'幅度'）
          sig_rec_bpfilt_temp=conv（sig_rec1,bp_filt）； % 进行带通滤波
          sig_rec_bpfilt=sig_rec_bpfilt_temp（64:end-64）; % 移除滤器引入的时延
        %---------------- 解扩，解调
        sig_dsss_temp1 = sig_rec1.*pn_baseband.*carrier_sig_rec； % 乘以本地载波和扩频码进行解扩，解调
        sig_dsss_baseband_rec = conv（sig_dsss_temp1,lp_filt）； % 低通滤波
        sig_dsss_baseband_rec1 = sig_dsss_baseband_rec（64:end-4）； % 移除滤器引入的时延
        sig_dsss_symbol = 1-2*reshape（sig_dsss_baseband_rec1>0,Ts_len,[]）; % 积分判决
        sig_demod = double（sum（sig_dsss_symbol,1）>0）;
        scatterplot（sig_dsss_symbol（:））
        title（'接收信号星座图'）
        [err_number,err_ratio] = symerr（sig_org,sig_demod）; % 误码率
    end
end
```